高等职业院校课程改革融媒体创新教材

数字电子技术

微课版

◎ 周华 主编

清华大学出版社
北京

内 容 简 介

本书主要内容包括数制和编码、逻辑代数基础、组合逻辑电路、时序逻辑电路、脉冲波形的产生和整形、数/模和模/数转换等，重点介绍数字电子技术方面的基本理论、基本技能和综合应用。本书以电子技术岗位技能为目的，突出数字电路分析和设计岗位技能训练，以丰富的案例带动知识点学习，围绕"以训促战，以战促训，训战结合"的方式进行核心技能教学设计，通过以"用"促学、边"用"边学，以"训"促战、边"战"边训来激发学生的学习兴趣。

本书提供了大量的数字电路分析和设计案例，层次清晰、实用性强。本书可以作为职业院校和高等院校电子信息、电气工程、自动控制等专业教学用书，也可供相关专业参加自学考试的学生和行业技术人员参考。本书配有教师授课用电子教案和课件以及微课视频，可以扫描书中二维码下载使用，也可以登录清华大学出版社官方网站免费下载。

本书封面贴有清华大学出版社防伪标签，无标签者不得销售。
版权所有，侵权必究。举报：010-62782989，beiqinquan@tup.tsinghua.edu.cn。

图书在版编目(CIP)数据

数字电子技术：微课版/周华主编．—北京：清华大学出版社，2021.8
高等职业院校课程改革融媒体创新教材
ISBN 978-7-302-57864-2

Ⅰ.①数… Ⅱ.①周… Ⅲ.①数字电路－电子技术－高等职业教育－教材 Ⅳ.①TN79

中国版本图书馆 CIP 数据核字(2021)第 057370 号

责任编辑：王剑乔
封面设计：刘　键
责任校对：袁　芳
责任印制：朱雨萌

出版发行：清华大学出版社
网　　址：http://www.tup.com.cn, http://www.wqbook.com
地　　址：北京清华大学学研大厦 A 座　　邮　编：100084
社 总 机：010-62770175　　邮　购：010-62786544
投稿与读者服务：010-62776969, c-service@tup.tsinghua.edu.cn
质量反馈：010-62772015, zhiliang@tup.tsinghua.edu.cn
课件下载：http://www.tup.com.cn, 010-83470410

印　装　者：北京国马印刷厂
经　　销：全国新华书店
开　　本：185mm×260mm　　印　张：12.75　　字　数：305 千字
版　　次：2021 年 8 月第 1 版　　印　次：2021 年 8 月第 1 次印刷
定　　价：49.00 元

产品编号：091519-01

前 言
FOREWORD

　　数字电子技术是电子信息类、电气类、自动化类和部分非电类等专业电子技术方面重要的专业基础课程,为以后深入学习电子技术相关领域的内容以及为数字电子技术在专业中的应用提供专业基础知识,是实践性很强的课程。课程任务是使学生获得数字电子技术方面的基本理论、基本知识和基本技能。根据人才需求调研和分析,我国各领域需要大量的数字电路设计、分析、制造、销售、应用、管理和维护等高技能人才。

　　本书阐述准确简明、重点突出、脉络清晰。内容理论联系实际,删去复杂的理论分析,例题选用尽量贴近实际应用,注重"教、学、做"一体化,将理论知识与实际应用有机结合,以培养技能型、应用型人才为目标,强化学生综合应用基本知识的能力及工程技术的应用能力。

　　根据数字电子技术知识之间的相互关系,以"应用为目的,内容选取必需、够用为度"和"少而精"为原则,以体现能力本位为思想,以真实数字电路为载体,以组合逻辑电路和时序逻辑电路为两条主线,遵循数字电路的分析和设计方法,重点介绍设计、使用的方法和技巧,从简单到复杂、从单一到综合,进行岗位职业分析与课程内容选取,重构课程框架,构建了"模块化、递进式"的教学设计,真正实现教学内容对接工作任务,同时将行业标准和规范巧妙灵活地融入教学设计中,注重职业素养、工匠精神的培养,使教学设计更具有生命力,更突显"职业性、实践性",有利于培养学生的实践能力、创新能力、工匠精神和职业素养。

　　本书涉及数字电子技术基础知识、组合逻辑电路和时序逻辑电路等主要知识,共分为7章。第1章数字电子技术基础,主要介绍数制与编码、逻辑代数的运算、逻辑代数的公式及定理、逻辑函数表示方法及相互转换、逻辑函数的公式化简法、逻辑函数的卡诺图化简法等内容,重点介绍逻辑函数的表示方法和化简方法。第2章逻辑门电路,主要介绍二极管的开关特性及门电路、三极管的开关特性及反相器、TTL与非门、集电极开路OC门、常用TTL集成电路、CMOS反相器、CMOS与非门、CMOS漏极开路门、常用CMOS集成电路等内容,重点介绍TTL集成门电路和CMOS集成门电路的逻辑功能和应用。第3章组合逻辑电路,主要介绍组合逻辑电路的分析方法和设计方法,编码器、译码器、加法器、数据选择器、数据分配器和数值比较器等常用组合逻辑电路的设计方法和应用等内容,重点介绍组合逻辑电路的分析方法、设计方法和应用。第4章触发器,主要介绍触发器特点,RS触发器、JK触发器、D触发器、T触发器等的电路结构和工作原理等内容,重点介绍RS触发器、JK触发器、D触发器、T触发器等的逻辑功能、特性表、特性方程、状态图、波形图及其触发器之间的相互转换和应用。第5章时序逻辑电路,主要介绍时序逻辑电路的分析方法和设计方法等内容,重点介绍常用计数器、寄存器和顺序脉冲发生器的逻辑功能、使用方法和应用。第 6 章脉冲信号的产生与整形,主要介绍脉冲产生电路和整形电路的特点、555 定时器的组成与功能等内容,重点介绍 555 定时器、单稳态触发器、多谐振荡器和施密特触发器的工作原理和应用。第 7 章数/模和模/数转换,主要介绍 D/A 转换器与 A/D 转换器的基本原理等内容,重点介绍 D/A 转换器与 A/D 转换器的应用。

由于编者水平有限,书中难免存在不足之处,敬请广大读者批评、指正。

编 者

2021 年 2 月

本书配套教学资源

(扫描二维码可下载使用)

目 录
CONTENTS

第 1 章 数字电子技术基础 ································ 1

1.1 数字电路概述 ······································· 1
    1.1.1 数字信号与数字电路 ···················· 1
    1.1.2 数字电路的特点与分类 ················ 2
1.2 数制与编码 ··· 3
    1.2.1 进位计数制 ······························· 3
    1.2.2 常用数制 ·································· 3
    1.2.3 数制之间的转换 ························· 4
    1.2.4 编码 ······································· 7
1.3 逻辑代数基础 ······································· 8
    1.3.1 逻辑代数的逻辑变量 ···················· 8
    1.3.2 逻辑代数的基本逻辑运算 ·············· 8
    1.3.3 逻辑代数的五种复合逻辑运算 ······· 11
1.4 逻辑函数及其表示方法 ························· 12
    1.4.1 逻辑函数 ································· 12
    1.4.2 逻辑函数的表示方法 ·················· 13
1.5 逻辑函数的化简 ·································· 16
    1.5.1 化简的意义与标准 ····················· 16
    1.5.2 逻辑代数的公式和运算规则 ········· 17
    1.5.3 逻辑函数的公式化简法 ··············· 19
    1.5.4 逻辑函数的卡诺图化简法 ············ 21
    1.5.5 卡诺图化简逻辑函数 ·················· 23
    1.5.6 具有无关项的逻辑函数的化简 ······ 28
1.6 逻辑函数表示方法之间的转换 ··············· 29
    1.6.1 由真值表到逻辑图的转换 ············ 29
    1.6.2 由逻辑图到真值表的转换 ············ 30
实验 1 数字电路实验箱的使用 ···················· 32

小结 ……………………………………………………………………………………… 34
习题 ……………………………………………………………………………………… 35

第 2 章　逻辑门电路 ………………………………………………………………………… 39

2.1　分立元件门电路 …………………………………………………………………… 39
2.1.1　二极管的开关特性和二极管门电路 ……………………………………… 39
2.1.2　三极管的开关特性和三极管反相器 ……………………………………… 43
2.1.3　正逻辑和负逻辑 …………………………………………………………… 46

2.2　TTL 集成门电路 …………………………………………………………………… 47
2.2.1　TTL 与非门 ………………………………………………………………… 47
2.2.2　集电极开路 OC 门 ………………………………………………………… 49
2.2.3　三态门 ……………………………………………………………………… 50
2.2.4　ECL 门 ……………………………………………………………………… 52
2.2.5　TTL 数字集成电路系列 …………………………………………………… 52
2.2.6　TTL 系列集成电路主要参数 ……………………………………………… 54

2.3　CMOS 集成门电路 ………………………………………………………………… 55
2.3.1　CMOS 反相器 ……………………………………………………………… 55
2.3.2　CMOS 与非门、或非门、与门、或门、与或非门和异或门 ……………… 55
2.3.3　CMOS 漏极开路门、三态门和传输门 ……………………………………… 57
2.3.4　CMOS 数字集成电路系列及特点 ………………………………………… 58
2.3.5　门电路的使用及连接问题 ………………………………………………… 60
2.3.6　常用集成门电路 …………………………………………………………… 61

实验 2　TTL 集成逻辑门功能测试 …………………………………………………… 63
小结 ……………………………………………………………………………………… 64
习题 ……………………………………………………………………………………… 65

第 3 章　组合逻辑电路 ………………………………………………………………………… 68

3.1　组合逻辑电路的分析与设计方法 …………………………………………………… 68
3.1.1　组合逻辑电路的分析方法 ………………………………………………… 69
3.1.2　组合逻辑电路的设计方法 ………………………………………………… 70

3.2　编码器 ………………………………………………………………………………… 75
3.2.1　二进制编码器 ……………………………………………………………… 75
3.2.2　二-十进制编码器 …………………………………………………………… 79

3.3　译码器 ………………………………………………………………………………… 82
3.3.1　二进制译码器 ……………………………………………………………… 82
3.3.2　二-十进制译码器 …………………………………………………………… 84
3.3.3　显示译码器 ………………………………………………………………… 85
3.3.4　译码器的应用 ……………………………………………………………… 88

3.4　加法器及其应用 ……………………………………………………………………… 91

3.4.1 半加器和全加器 ………………………………………………………………… 91
3.4.2 串行进位加法器和并行进位加法器 …………………………………………… 92
3.4.3 加法器的应用 …………………………………………………………………… 93
3.5 数据选择器 ………………………………………………………………………………… 95
3.5.1 4 选 1 数据选择器 ……………………………………………………………… 95
3.5.2 集成数据选择器 ………………………………………………………………… 96
3.5.3 用数据选择器实现组合逻辑函数 ……………………………………………… 99
3.6 数据分配器 ……………………………………………………………………………… 104
3.6.1 1 线-4 线数据分配器 ………………………………………………………… 104
3.6.2 集成数据分配器及其应用 …………………………………………………… 105
3.7 数值比较器 ……………………………………………………………………………… 106
3.7.1 1 位数值比较器 ……………………………………………………………… 106
3.7.2 4 位数值比较器 ……………………………………………………………… 107
3.7.3 数值比较器的位数扩展 ……………………………………………………… 107
3.8 组合电路中的竞争冒险 ………………………………………………………………… 109
3.8.1 产生竞争冒险的原因 ………………………………………………………… 109
3.8.2 组合电路竞争冒险的判断 …………………………………………………… 110
实验 3 加法器实验 ……………………………………………………………………………… 111
实验 4 集成译码器及应用实验 ………………………………………………………………… 113
小结 ………………………………………………………………………………………………… 115
习题 ………………………………………………………………………………………………… 116

第 4 章 触发器 ………………………………………………………………………………… 121

4.1 RS 触发器 ………………………………………………………………………………… 121
4.1.1 基本 RS 触发器 ……………………………………………………………… 122
4.1.2 同步 RS 触发器 ……………………………………………………………… 125
4.1.3 主从 RS 触发器 ……………………………………………………………… 126
4.2 JK 触发器 ………………………………………………………………………………… 127
4.2.1 主从 JK 触发器 ……………………………………………………………… 127
4.2.2 集成 JK 触发器 ……………………………………………………………… 129
4.3 D 触发器 ………………………………………………………………………………… 130
4.3.1 同步 D 触发器 ………………………………………………………………… 130
4.3.2 维持阻塞 D 触发器 …………………………………………………………… 131
4.4 T 触发器 ………………………………………………………………………………… 132
4.5 不同类型触发器间的相互转换 ………………………………………………………… 133
4.5.1 转换步骤 ……………………………………………………………………… 133
4.5.2 常用触发器之间的转换 ……………………………………………………… 133
4.5.3 触发器之间转换使用的注意事项 …………………………………………… 134
实验 5 基本 RS 触发器实验 …………………………………………………………………… 134

实验 6　集成触发器实验 ………………………………………………………… 135
　　小结 ……………………………………………………………………………………… 137
　　习题 ……………………………………………………………………………………… 137

第 5 章　时序逻辑电路 ………………………………………………………………… 140

　5.1　时序逻辑电路的分析方法和设计方法 ………………………………………………… 140
　　　5.1.1　时序逻辑电路的概述 ………………………………………………………… 140
　　　5.1.2　时序逻辑电路的分析方法 …………………………………………………… 140
　　　5.1.3　时序逻辑电路的设计方法 …………………………………………………… 142
　5.2　计数器 ………………………………………………………………………………… 145
　　　5.2.1　二进制计数器 ………………………………………………………………… 146
　　　5.2.2　十进制计数器 ………………………………………………………………… 148
　　　5.2.3　N 进制计数器 ………………………………………………………………… 150
　5.3　寄存器 ………………………………………………………………………………… 153
　　　5.3.1　基本寄存器 …………………………………………………………………… 153
　　　5.3.2　移位寄存器 …………………………………………………………………… 154
　　　5.3.3　寄存器的应用 ………………………………………………………………… 155
　5.4　顺序脉冲发生器 ……………………………………………………………………… 156
　　　5.4.1　计数器型顺序脉冲发生器 …………………………………………………… 157
　　　5.4.2　移位型顺序脉冲发生器 ……………………………………………………… 157
　　实验 7　集成计数器及应用实验 ………………………………………………… 158
　　小结 ……………………………………………………………………………………… 162
　　习题 ……………………………………………………………………………………… 163

第 6 章　脉冲波形的产生与整形 ……………………………………………………… 166

　6.1　概述 …………………………………………………………………………………… 166
　　　6.1.1　脉冲产生电路和整形电路的特点 …………………………………………… 166
　　　6.1.2　脉冲电路的基本分析方法 …………………………………………………… 167
　6.2　集成逻辑门构成的脉冲电路 ………………………………………………………… 167
　　　6.2.1　微分型单稳态触发电路 ……………………………………………………… 167
　　　6.2.2　多谐振荡器 …………………………………………………………………… 168
　6.3　555 定时器及其应用 ………………………………………………………………… 170
　　　6.3.1　555 定时器的组成与功能 …………………………………………………… 170
　　　6.3.2　555 定时器的典型应用 ……………………………………………………… 172
　6.4　集成单稳态触发器 …………………………………………………………………… 177
　　　6.4.1　74LS121 非重触发单稳态触发器 …………………………………………… 177
　　　6.4.2　74LS123 可重触发单稳态触发器 …………………………………………… 178
　　小结 ……………………………………………………………………………………… 179
　　习题 ……………………………………………………………………………………… 179

第7章 数/模和模/数转换 … 180

7.1 概述 … 180
7.2 A/D 转换器 … 180
7.2.1 A/D 转换的基本原理 … 181
7.2.2 A/D 转换器的类型 … 182
7.2.3 ADC 的主要技术指标 … 184
7.3 常用 ADC 芯片简介 … 184
7.3.1 集成 ADC0809 简介 … 184
7.3.2 集成 MC14433 简介 … 186
7.4 D/A 转换器 … 188
7.4.1 D/A 转换的基本原理 … 188
7.4.2 D/A 转换器的主要技术指标 … 189
7.4.3 集成 D/A 转换器及其应用 … 190
小结 … 191
习题 … 191

参考文献 … 192

数字电子技术基础

内容要点

本章介绍数制与编码、逻辑代数的运算、逻辑代数的公式及定理、逻辑函数表示方法及相互转换、逻辑函数的公式化简法、逻辑函数的卡诺图化简法等内容,重点介绍逻辑函数表示方法和化简方法。

1.1 数字电路概述

1.1.1 数字信号与数字电路

1. 模拟电路与数字电路

电子电路根据处理的电信号不同可以分为两类。

1) 模拟电路

在连续的时间范围内幅度连续变化的信号称为模拟信号。例如,时间、压强、路程、温度等物理量通过传感器变成的电信号等,图 1.1.1(a)是模拟信号的波形图。对模拟信号进行传输和处理的电子线路称为模拟电路。例如,放大器、信号发生器等。

2) 数字电路

时间和幅度都是离散的、不连续的信号称为数字信号。图 1.1.1(b)是数字信号的波形图。对数字信号进行传输和处理的电子线路称为数字电路。例如,数字万用表、数字电子钟等。数字电路被广泛应用于数字电子计算机、数字通信系统、数字式仪表等领域。数字电路主要包括信号的产生、放大、整形、传送、控制、存储、计数和运算等组成部分。

2. 数字电路的优点

数字电路与模拟电路相比,具有以下优点。
(1) 结构简单,便于集成化、系列化生产,成本低廉,使用方便。
(2) 抗干扰性强,可靠性高,精度高。

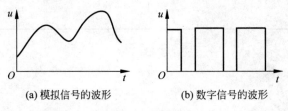

(a) 模拟信号的波形　　　　　(b) 数字信号的波形

图 1.1.1　模拟信号和数字信号的波形

(3) 处理功能强,不仅能实现数值运算,还可以实现逻辑运算和判断。
(4) 可编程数字电路很容易实现各种算法,具有很大的灵活性。
(5) 数字信号更易于存储、加密、压缩和传输等。

1.1.2　数字电路的特点与分类

1. 数字电路的特点

由于数字电路的工作信号是不连续的数字信号,反映在电路上只有高电位和低电位两种状态,通常将高电位称为高电平,低电位称为低电平。为了分析方便,数字电路采用二进制数进行信息的传输和处理,在数字电路中分别用 1 和 0 来表示高电平和低电平。

高电平对应 1、低电平对应 0 的关系称为正逻辑关系。高电平对应 0、低电平对应 1 的关系称为负逻辑关系。本书中所采用的都是正逻辑关系。

数字电路研究的主要问题是逻辑事件中输出信号(0 或 1)与输入信号(0 或 1)之间的逻辑关系。这种关系是一种因果关系,所以在数字电路中不能采用模拟电路的分析方法,而是以逻辑代数作为主要工具,利用真值表、逻辑表达式和波形图等来表示电路的逻辑功能,因此数字电路又称为逻辑电路。

2. 数字电路的分类

1) 按"集成度"不同分类

数字集成电路是将电路所有的器件和连接线制作在一块半导体基片(芯片)上而成的。通常以"门"为最小单位,按"集成度"将数字集成电路分类如下。

(1) 小规模集成电路(SSI):一块硅片上含 10～100 个元件(或 1～10 个等效门)。
(2) 中规模集成电路(MSI):一块硅片上含 100～1000 个元件(或 10～100 个等效门)。
(3) 大规模集成电路(LSI):一块硅片上含 1000～100000 个元件(或 100～10000 个等效门)。
(4) 超大规模集成电路(VLSI):一块硅片上含 100000 个以上元件(或 10000 个以上等效门)。

2) 按电路晶体管不同分类

(1) 如果集成逻辑门电路是以双极型晶体管(电子和空穴两种载流子均参与导电)为基础制成的,则称为双极型集成逻辑门电路。它主要有下列几种类型:晶体管-晶体管逻辑门 TTL、高阈值逻辑门 HTL 和射极耦合逻辑门 ECL。

(2) 如果集成逻辑门电路是以单极型晶体管(只有一种极性的载流子参与导电:电子或空穴)为基础制成的,则称为单极型集成逻辑门电路。应用广泛的是金属-氧化物-半导体场效应管逻辑电路,简称 MOS 集成电路,可分为 PMOS、NMOS 和 CMOS 集成电路。

1.2 数制与编码

1.2.1 进位计数制

数制的概念和分类

进位计数制也叫位置计数制,简称数制。其计数方法是把数划分为不同的数位,当某一数位累计到一定数量之后,该位又从零开始,同时向高位进位。进位计数制可以用少量的数码表示较大的数,因而被广泛采用。

基数:每种进位计数制中允许使用的数码总数称为基数,记作 R。例如十进制数,允许使用的数码符号为 0、1、2、…、9,共 10 个,故其进位基数 $R=10$。

权值:某个数位上数码为 1 时所表征的数值,称为该数位的权值,简称"权"。各个数位的权值均可表示成 R^i 的形式,其中 R 是基数,i 是各数位的序号。按如下方法确定:整数部分以小数点为起点,自右向左依次为 $0、1、2、\cdots、n-1$;小数部分以小数点为起点,自左向右依次为 $-1、-2、\cdots、-m$。n 是整数部分的位数,m 是小数部分的位数。

某个数位上的数码 a_i 所表示的数值等于数码 a_i 与该位的权值 R^i 的乘积。所以,R 进制的数 N 可写为

$$(N)_R = a_{n-1}a_{n-2}\cdots a_2 a_1 a_0 a_{-1} a_{-2} \cdots a_{-m}$$

又可以写成如下多项式的形式:

$$(N)_R = a_{n-1}R^{n-1} + a_{n-2}R^{n-2} + \cdots + a_2 R^2 + a_1 R^1 + a_0 R^0 + a_{-1} R^{-1}$$
$$+ a_{-2} R^{-2} + \cdots + a_{-m} R^{-m}$$
$$= \sum_{i=-m}^{n-1} a_i R^i$$

1.2.2 常用数制

1. 十进制

在十进制中,每个数位规定使用的数码为 0、1、2、…、9,共 10 个,故其基数 R 为 10。其计数规则是"逢十进一"。各位的权值为 10^i,i 是各数位的序号。

十进制数用下标 D 表示。例如:

$$(5821.76)_D = 5\times 10^3 + 8\times 10^2 + 2\times 10^1 + 1\times 10^0 + 7\times 10^{-1} + 6\times 10^{-2}$$

2. 二进制

在二进制中,每个数位规定使用的数码为 0、1,共 2 个数码,故其基数 R 为 2。其计数规则是"逢二进一"。各位的权值为 2^i,i 是各数位的序号。

二进制数用下标 B 表示。例如:

$$(10011.001)_B = 1\times 2^4 + 0\times 2^3 + 0\times 2^2 + 1\times 2^1 + 1\times 2^0 + 0\times 2^{-1} + 0\times 2^{-2} + 1\times 2^{-3}$$

3. 八进制

在八进制中,每个数位上规定使用的数码为 0、1、2、3、4、5、6、7,共 8 个,故其基数 R 为 8,其计数规则为"逢八进一"。各位的权值为 8^i,i 是各数位的序号。

八进制数用下标 O 表示。例如：
$$(652.741)_O = 6×8^2 + 5×8^1 + 2×8^0 + 7×8^{-1} + 4×8^{-2} + 1×8^{-3}$$
因为 $2^3=8$，因而三位二进制数可用一位八进制数表示。

4. 十六进制

在十六进制中，每个数位上规定使用的数码符号为 0、1、2、…、9、A、B、C、D、E、F，共 16 个，故其基数 R 为 16，其计数规则是"逢十六进一"。各位的权值为 16^i，i 是各个数位的序号。

十六进制数用下标 H 表示，例如：

$$\begin{aligned}(EFA39.1A)_H &= E×16^4 + F×16^3 + A×16^2 + 3×16^1 + 9×16^0 + 1×16^{-1} + A×16^{-2} \\ &= 14×16^4 + 15×16^3 + 10×16^2 + 3×16^1 + 9×16^0 + 1×16^{-1} + 10×16^{-2}\end{aligned}$$

因为 $2^4=16$，所以四位二进制数可用一位十六进制数表示。

常用的二进制数、八进制数、十进制数、十六进制数之间的对应关系如表 1.2.1 所示。

表 1.2.1 常用进制数之间的对应关系

十进制数	二进制数	八进制数	十六进制数
0	0000	0	0
1	0001	1	1
2	0010	2	2
3	0011	3	3
4	0100	4	4
5	0101	5	5
6	0110	6	6
7	0111	7	7
8	1000	10	8
9	1001	11	9
10	1010	12	A
11	1011	13	B
12	1100	14	C
13	1101	15	D
14	1110	16	E
15	1111	17	F

1.2.3 数制之间的转换

1. 二进制数与十进制数之间的转换

二进制数转换成十进制数时，采用按权展开法。只要将二进制数按权展开，然后将各项数值按十进制数相加，便可得到等值的十进制数。

例 1.2.1 将二进制数 $(101100.01)_2$ 转换成十进制数。

解：$(101100.01)_2 = 1×2^5 + 1×2^3 + 1×2^2 + 1×2^{-2} = (44.25)_{10}$

同理，若将任意进制数转换为十进制数，只需将数 $(N)_R$ 写成按权展开的多项式表示式，并按十进制规则进行运算，便可求得相应的十进制数。

数制的转换

2. 十进制数转换为其他进制数

1) 整数转换

整数转换采用基数连除法。把十进制整数 N 转换成 R 进制数的步骤如下。

(1) 将 N 除以 R，记下所得的商和余数。

(2) 将第(1)步所得的商除以 R，记下所得商和余数。

(3) 重复做第(2)步，直到商为 0。

(4) 将各个余数转换成 R 进制的数码，并按照和运算过程相反的顺序把各个余数排列起来，即为 R 进制的数。

例 1.2.2 将十进制数 $(11)_{10}$ 转换成二进制数。

解：

```
  2 | 11           余数
  2 |  5 ········· 1     最低位
  2 |  2 ········· 1
  2 |  1 ········· 0
      0 ········· 1     最高位
```

$(11)_{10} = (1011)_2$

例 1.2.3 将十进制数 $(427)_{10}$ 转换成十六进制数。

解：

```
 16 | 427          余数
 16 |  26 ········ 11=B   最低位
 16 |   1 ········ 10=A
       0 ········  1=1   最高位
```

$(427)_{10} = (1AB)_{16}$

2) 纯小数转换

纯小数转换采用基数连乘法。把十进制的纯小数 M 转换成 R 进制数的步骤如下。

(1) 将 M 乘以 R，记下整数部分。

(2) 将第(1)步乘积中的小数部分再乘以 R，记下整数部分。

(3) 重复做第(2)步，直到小数部分为 0 或者满足精度要求为止。

(4) 将各步求得的整数转换成 R 进制的数码，并按照和运算过程相同的顺序排列起来，即为所求的 R 进制数。

例 1.2.4 将十进制数小数 $(0.375)_{10}$ 转换成二进制小数。

解：

$$
\begin{array}{rl}
 & \text{整数} \\
0.375 \times 2 = 0.75 & 0 \\
0.75 \times 2 = 1.5 & 1 \\
0.5 \times 2 = 1.0 & 1
\end{array}
$$

$(0.375)_{10} = (0.011)_2$

有时候小数部分乘 2 取整的过程不一定能使最后乘积为 0,因此转换值存在误差。通常在二进制小数的精度已达到预定的要求时,运算便可结束。

将一个带有整数和小数的十进制数转换成二进制数时,必须将整数部分和小数部分分别按除 2 取余法和乘 2 取整法进行转换,然后将两者的转换结果合并起来即可。

同理,若将十进制数转换成任意 R 进制数$(N)_R$,则整数部分转换采用除 R 取余法,小数部分转换采用乘 R 取整法,然后再将两者的转换结果合并起来即可。

3. 二进制数与八进制数、十六进制数之间的相互转换

八进制数和十六进制数的基数分别为 8 和 16,所以三位二进制数相当于一位八进制数,四位二进制数相当于一位十六进制数。

二进制数转换成八进制数的方法是从小数点开始,分别向左、向右,将二进制数按每三位一组分组(不足三位的补 0),然后写出每一组对应的八进制数。

二进制数转换成十六进制的方法是从小数点开始,分别向左、向右,将二进制数按每四位一组分组(不足四位的补 0),然后写出每一组对应的十六进制数。

例 1.2.5 将二进制数$(1011011111.10011)_B$转换成八进制数和十六进制数。

解:因为

$$1\underbrace{011}_{1}\underbrace{011}_{3}\underbrace{111}_{7}.\underbrace{100}_{4}\underbrace{110}_{6}$$

所以$(1011011111.10011)_B = (1337.46)_O$。

同理

$$\underbrace{0010}_{2}\underbrace{1101}_{D}\underbrace{1111}_{F}.\underbrace{1001}_{9}\underbrace{1000}_{8}$$

所以$(1011011111.10011)_B = (2DF.98)_H$。

八进制数、十六进制数转换为二进制数的方法可以采用与前面相反的步骤,即只要按原来顺序将每一位八进制数(或十六进制数)用相应的三位(或四位)二进制数代替即可。

例 1.2.6 将八进制数$(36.24)_O$转换成二进制数。

解:因为

$$\underbrace{011}_{3}\underbrace{110}_{6}.\underbrace{010}_{2}\underbrace{100}_{4}$$

所以$(36.24)_O = (011110.010100)_B = (11110.0101)_B$。

例 1.2.7 将十六进制数$(3DB.46)_H$转换成二进制数。

解:因为

$$\underbrace{0011}_{3}\underbrace{1101}_{D}\underbrace{1011}_{B}.\underbrace{0100}_{4}\underbrace{0110}_{6}$$

所以$(3DB.46)_H = (001111011011.01000110)_B = (1111011011.0100011)_B$。

1.2.4 编码

在数字系统中,需要把十进制的数值、不同的文字、符号等其他信息用二进制数码表示才能处理。用来表示其他信息的二进制数码称为代码。建立这种代码与其他信息一一对应的关系称为编码。

二-十进制编码是用四位二进制码的 10 种组合表示十进制数 0~9,简称 BCD 码。

这种编码至少需要用四位二进制码元,而四位二进制码元可以有 16 种组合。当用这些组合表示十进制数 0~9 时,由 16 种组合中选用其中 10 种组合,有 6 种组合不用。常用的 BCD 码如表 1.2.2 所示。若某种代码的每一位都有固定的"权值",则称这种代码为有权代码;否则,叫无权代码。

表 1.2.2 几种常见的 BCD 码

十进制数	8421 码	余 3 码	5421 码	2421 码	格雷(Gray)码
0	0000	0011	0000	0000	0000
1	0001	0100	0001	0001	0001
2	0010	0101	0010	0010	0011
3	0011	0110	0011	0011	0010
4	0100	0111	0100	0100	0110
5	0101	1000	1000	1011	0111
6	0110	1001	1001	1100	0101
7	0111	1010	1010	1101	0100
8	1000	1011	1011	1110	1100
9	1001	1100	1100	1111	1100

1) 8421 码

8421 码是最基本和最常用的 BCD 码,各位的权值为 8、4、2、1,故称为有权 BCD 码。和四位自然二进制码不同的是,它只选用了四位二进制码中前 10 组代码,即用 0000~1001 分别代表它所对应的十进制数,余下的 6 组代码不用。

例 1.2.8 将十进制数 $(81.45)_D$ 转换成 8421 BCD 码。

解:$(81.45)_D = (10000001.01000101)_{8421\,BCD}$

2) 余 3 码

余 3 码是 8421 码的每个码组加 0011 形成的。其中的 0 和 9、1 和 8、2 和 7、3 和 6、4 和 5,各对码组相加均为 1111,具有这种特性的代码称为自补代码。余 3 码各位无固定权值,故属于无权码。

例 1.2.9 将十进制数 $(81.45)_D$ 转换成余 3 码。

解:$(81.45)_D = (10110100.01111000)_{余3码}$

3) 5421 码和 2421 码

5421 码和 2421 码为有权 BCD 码,从高位到低位的权值分别为 5、4、2、1 和 2、4、2、1。这两种有权 BCD 码中,各自都存在对应的两种 BCD 码。例如,5421 码中的数码 5 既可以用 1000 表示,也可以用 0101 表示;2421 码中的数码 6 既可以用 1100 表示,也可以用 0110 表示。这说明 5421 码和 2421 码的编码方案都不是唯一的,表 1.2.2 只列出了一种编码方案。

用 BCD 码表示十进制数时,只要把十进制数的每一位数码分别用 BCD 码代替即可。反之,若要知道 BCD 码代表的十进制数,只要把 BCD 码以小数点为起点向左、向右每四位分一组,再写出每一组代码代表的十进制数,并保持原排序即可。

4) 格雷(Gray)码

Gray 码也称循环码,其最基本的特性是任何相邻的两组代码中,仅有一位数码不同,因而又称为单位距离码。

Gray 码的编码方案有多种,典型的 Gray 码如表 1.2.2 所示。从表中看出,这种代码除了具有单位距离码的特点外,还有一个特点就是具有反射特性,即按对称轴为界,除最高位互补反射外,其余低位数沿对称轴镜像对称。利用这一反射特性可以方便地构成位数不同的 Gray 码。

1.3 逻辑代数基础

逻辑代数又称布尔代数或开关代数,是英国数学家乔治·布尔在 1847 年首先创立的。逻辑代数是研究逻辑函数与逻辑变量之间规律的一门应用数学,是分析和设计数学逻辑电路的数学工具。

逻辑是指事物因果之间所遵循的规律。在客观世界中,事物的发展变化通常都是有一定因果关系的。例如,某同学是否能取得毕业证书取决于是否达到毕业条件,如果达到毕业条件了,则能毕业;否则就不能毕业。这种因果关系一般称为逻辑关系。因为数字电路的输出信号与输入信号之间的关系就是逻辑关系,所以数字电路的工作状态可以用逻辑关系来描述。

1.3.1 逻辑代数的逻辑变量

逻辑代数采用逻辑变量和运算符组成逻辑函数表达式来描述事物的因果关系。逻辑函数与普通代数中的函数相似,它是随自变量的变化而变化的因变量。因此,如果用自变量和因变量分别表示某一事件发生的条件和结果,那么该事件的因果关系就可以用逻辑函数来描述。

逻辑代数中的变量称为逻辑变量,逻辑变量的取值只有 0 和 1 两种可能,而且这里的 0 和 1 不是表示数值的大小,而是表示逻辑变量的两种状态,输入逻辑变量一般用大写字母 A、B、C、$\cdots$ 表示,输出逻辑变量一般用 Y、L、F、$\cdots$ 表示。

1.3.2 逻辑代数的基本逻辑运算

逻辑代数有三种基本逻辑关系:与逻辑关系、或逻辑关系和非逻辑关系,对应的基本逻辑运算有与运算、或运算和非运算三种。

基本逻辑关系

1. 与运算

只有当决定事物结果的所有条件全部具备时,结果才会发生,这种逻辑关系称为与逻辑关系。

例如,如图 1.3.1 所示串联电路中,A、B 是串联的两个开关,Y 是灯,用开关控制灯亮和灭的关系如表 1.3.1 所示。从表中可知,只有当两个开关全都闭合时,灯才会亮。根据与逻辑关系的概念,这个逻辑事件中的开关与灯之间对应的逻辑关系为与逻辑关系。

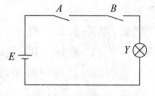

图 1.3.1 串联电路

表 1.3.1 串联电路开关与灯对应关系表

A	B	Y
打开	打开	灭
打开	闭合	灭
闭合	打开	灭
闭合	闭合	亮

如果用 1 表示开关闭合,用 0 表示开关断开,用 1 表示灯亮,用 0 表示灯灭,代入表 1.3.1 则可得到如表 1.3.2 所示的逻辑真值表。这种将自变量所有可能的取值组合与其因变量的取值一一对应的表格称为逻辑真值表,简称真值表。表 1.3.2 所示的 A、B 与 Y 之间的关系是与逻辑关系,所以此表就是与逻辑真值表。

表 1.3.2 与逻辑真值表

A	B	Y
0	0	0
0	1	0
1	0	0
1	1	1

与逻辑关系的逻辑表达式为

$$Y = A \cdot B$$

式中的"·"读作"与",上式读作"Y 等于 A 与 B",或者"Y 等于 A 乘 B"。通常"·"可以省略,写为 $Y = AB$。

与逻辑的运算规则为

$$0 \cdot 0 = 0 \quad 0 \cdot 1 = 0 \quad 1 \cdot 0 = 0 \quad 1 \cdot 1 = 1$$

即只有当 A 和 B 都是 1 时,Y 才为 1;否则 Y 为 0。总结为"输入有 0 得 0,全 1 得 1"。

图 1.3.2 与门逻辑符号

实现与运算的电路称为与门,与门的逻辑符号如图 1.3.2 所示。与运算又称"逻辑乘"。

2. 或运算

当决定事物结果的几个条件中,只要有一个或一个以上条件得到满足,结果就会发生,这种逻辑关系称为或逻辑关系。

例如,如图1.3.3所示并联电路中,A、B是并联的两个开关,Y是灯。用开关控制灯亮和灭的关系如表1.3.3所示。从表中可知,只要两个开关有一个接通,灯就会亮,根据或逻辑关系的概念,这个逻辑事件中的开关与灯之间对应的逻辑关系为或逻辑关系。

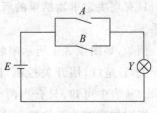

图1.3.3 并联电路

表1.3.3 并联电路开关与灯对应关系表

A	B	Y
打开	打开	灭
打开	闭合	亮
闭合	打开	亮
闭合	闭合	亮

如果用1表示开关闭合,用0表示开关断开,用1表示灯亮,用0表示灯灭,代入表1.3.3则可得到如表1.3.4所示的或逻辑真值表。

表1.3.4 或逻辑真值表

A	B	Y
0	0	0
0	1	1
1	0	1
1	1	1

或逻辑关系表达式为

$$Y = A + B$$

式中"+"读作"或"。上式读作"Y等于A或B",或者"Y等于A加B"。

或逻辑的运算规律为

$$0+0=0 \quad 0+1=1 \quad 1+0=1 \quad 1+1=1$$

即只有当A和B都是0时,Y才为0;否则Y为1。总结为"输入有1得1,全0得0"。

图1.3.4 或门逻辑符号

实现或运算的电路称为或门,或门的逻辑符号如图1.3.4所示。或运算又称"逻辑加"。

3. 非运算

在逻辑事件中,决定结果的条件只有一个,当条件具备时,结果不会发生;而条件不具备时,结果会发生,这种逻辑关系称为非逻辑关系。

例如,如图1.3.5所示电路中,A是开关,Y是灯。

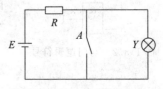

图1.3.5 电路图

用开关控制灯亮和灭的关系如表1.3.5所示。从表中可知,如果开关 A 闭合,灯就灭,开关 A 断开,灯就亮。根据非逻辑关系的概念,这个逻辑事件中的开关与灯之间对应的逻辑关系为非逻辑关系。

表1.3.5 电路图开关与灯对应关系表

A	Y
打开	亮
闭合	灭

如果用1表示开关闭合,用0表示开关断开,用1表示灯亮,用0表示灯灭,代入表1.3.5则可得到如表1.3.6所示的非逻辑真值表。

表1.3.6 非逻辑的真值表

A	Y
0	1
1	0

非逻辑表达式为

$$Y=\overline{A}$$

式中"－"读作"非"。上式读作"Y 等于 A 非",或者"Y 等于 A 反"。

非逻辑的运算规律为

$$\overline{0}=1 \quad \overline{1}=0$$

即0的非等于1、1的非等于0。

实现非运算的电路称为非门,非门的逻辑符号如图1.3.6所示。非运算又称"逻辑反"。

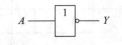

图1.3.6 非门逻辑符号

1.3.3 逻辑代数的五种复合逻辑运算

与、或、非三种逻辑关系是逻辑函数最基本的逻辑关系。除此之外,还有一些复合逻辑关系:与非逻辑关系、或非逻辑关系、与或非逻辑关系、同或逻辑关系和异或逻辑关系,与之对应的运算有与非逻辑运算、或非逻辑运算、与或非逻辑运算、同或逻辑运算和异或逻辑运算,实现这些逻辑运算的电路分别称为与非门、或非门、与或非门、同或门和异或门。

1. 与非运算

逻辑表达式为 $Y=\overline{AB}$。

与非运算的规律是 $\overline{0 \cdot 0}=1$、$\overline{0 \cdot 1}=1$、$\overline{1 \cdot 0}=1$、$\overline{1 \cdot 1}=0$。

2. 或非运算

逻辑表达式为 $Y=\overline{A+B}$。

或非运算的规律是 $\overline{0+0}=1$、$\overline{0+1}=0$、$\overline{1+0}=0$、$\overline{1+1}=0$。

3. 与或非运算

逻辑表达式为 $Y=\overline{AB+CD}$。

与或非运算的规律遵从与运算、或运算和非运算的规律,运算的先后顺序为"先与运算、再或运算、最后非运算"。

4. 同或运算

逻辑表达式为 $Y=\overline{A}\overline{B}+AB=A\odot B$。

同或运算的规律是 A、B 变量取值相同(即 $A=B=0$ 或 $A=B=1$)时,$Y=1$;A、B 变量取值不同(即 $A=1$、$B=0$ 或 $A=0$、$B=1$)时,$Y=0$。

5. 异或运算

逻辑表达式为 $Y=A\overline{B}+\overline{A}B=A\oplus B$。

异或运算的规律是 A、B 变量取值相同(即 $A=B=0$ 或 $A=B=1$)时,$Y=0$;A、B 变量取值不同(即 $A=1$、$B=0$ 或 $A=0$、$B=1$)时,$Y=1$。

常用的几种逻辑运算的逻辑表达式、逻辑符号、真值表和逻辑运算规律如表 1.3.7 所示。

表 1.3.7 常用的几种逻辑运算的逻辑符号

逻辑名称	与非	或非	与或非	异或	同或
逻辑表达式	$Y=\overline{AB}$	$Y=\overline{A+B}$	$Y=\overline{AB+CD}$	$Y=A\oplus B$	$Y=A\odot B$
逻辑符号	A、B &→Y	A、B ≥1→Y	A、B、C、D & ≥1→Y	A、B =1→Y	A、B =1→Y
真值表	A B Y 0 0 1 0 1 1 1 0 1 1 1 0	A B Y 0 0 1 0 1 0 1 0 0 1 1 0	A B C D Y 0 0 0 0 1 0 0 0 1 1 ⋯ ⋯ ⋯ ⋯ ⋯ 1 1 1 1 0	A B Y 0 0 0 0 1 1 1 0 1 1 1 0	A B Y 0 0 1 0 1 0 1 0 0 1 1 1
逻辑运算规律	有0得1 全1得0	有1得0 全0得1	与项为1结果为0 其余输出全为1	不同为1 相同为0	不同为0 相同为1

1.4 逻辑函数及其表示方法

1.4.1 逻辑函数

如果以逻辑变量 A、B、C、⋯ 作为输入,以运算结果 Y 作为输出,当输入逻辑变量 A、B、C、⋯ 的取值确定之后,输出逻辑变量 Y 的值也就唯一确定了,则称 Y 为 A、B、C、⋯ 的逻辑函数。

逻辑函数的一般表达式可以写为

$$Y=F(A,B,C,\cdots)$$

逻辑函数 Y 也是一个逻辑变量,叫作因变量或输出变量。因此它们也只有 1 和 0 两种取值,相对地把 A、B、C、⋯ 叫作自变量或输入变量。

例 1.4.1 一个楼梯灯控制电路如图 1.4.1 所示,两个单刀双掷开关 A 和 B 分别装在楼上和楼下,无论在楼上或楼下都能控制开灯和关灯。分析灯的状态和 A、B 开关所处状态之间的逻辑关系。

解:假设灯的状态用 Y 表示,Y 取 1 表示灯亮,Y 取 0 表示灯灭。开关 A、B 的位置拨上为 1,拨下为 0,如图 1.4.1 所示。则 Y 和 A、B 的逻辑关系可用真值表表示,如表 1.4.1 所示。

表 1.4.1　例 1.4.1 的逻辑真值表

A	B	Y
0	0	0
0	1	1
1	0	1
1	1	0

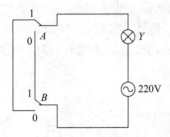

图 1.4.1　例 1.4.1 的控制电路

从表 1.4.1 中可知,Y 的状态取决于 A 和 B 的状态,当 A、B 的取值确定之后,Y 的值就唯一地确定了。所以,Y 是 A、B 的逻辑函数。可见一件具体事物的因果关系可以用一个逻辑函数表示。

1.4.2　逻辑函数的表示方法

一个逻辑函数可以用逻辑真值表、逻辑函数表达式、逻辑图、卡诺图和波形图等方法表示。

1. 逻辑真值表

描述逻辑函数所有输入变量的取值组合和输出变量取值之间一一对应关系的表格叫逻辑真值表,简称真值表。每一个输入变量有 0 和 1 两个取值,n 个变量就有 2^n 个不同的取值组合。例 1.4.1 中,根据楼梯灯控制电路的工作原理,分别用 0 和 1 表示状态,确定了输入变量 A 和 B 之后,输出变量 Y 也就确定了,就列出表 1.4.1 中 A、B 的所有不同取值组合与函数值 Y 的逻辑真值表。可见,逻辑真值表是用表格表示逻辑函数的一种方法。

逻辑真值表能够直观、明了地反映变量取值和函数值的对应关系,一般给出逻辑问题之后,比较容易列出真值表。但它不是逻辑函数式,不便推演变换。另外,变量多时,列表比较烦琐。

注意:在列真值表时,输入变量的取值组合按照二进制数递增的顺序排列,这样做既不容易遗漏,也不容易重复。

2. 逻辑函数表达式

由真值表转换成函数式的方法是:将真值表中每个函数值为 1 的输入变量取值组合写成一个乘积项,乘积项中的因子,若输入变量取值为 1,用原变量表示;若输入变量取值为 0,用反变量表示,最后将这些乘积项相加,就得到逻辑表达式。

变量为字母本身的变量称为原变量,如原变量 A、B。变量取反后的变量称为反变量,如反变量 $\overline{A}$、$\overline{B}$。

在例 1.4.1 中,由表 1.4.1 所列真值表可以看出,使 Y 为 1 的 A、B 取值组合分别为 0、1 和 1、0,可得到 $\overline{A}B$ 和 $A\overline{B}$ 两个乘积项,求其和即为逻辑函数式。

$$Y = \overline{A}B + A\overline{B}$$

由图 1.4.1 所示控制电路,不难验证上式的逻辑关系是正确的。

由此可见,逻辑函数式是描述输入和输出逻辑变量之间逻辑关系的表达式。它是用式子表示逻辑函数,形式简洁、书写方便、便于推演变换。另外,它直接反映变量间的运算关系,便于用逻辑符号表示该函数。但是,它不能直观反映出变量取值之间的对应关系,而且同一个逻辑函数可以写成多种函数形式。

3. 逻辑图

用相应的逻辑符号将逻辑运算关系表示出来的图形,叫作逻辑图。

根据真值表写表达式的方法,写出表 1.4.1 的表达式为 $Y=\overline{A}B+A\overline{B}$,画出如图 1.4.2 所示的逻辑图。

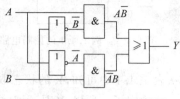

图 1.4.2 例 1.4.1 的逻辑图

4. 卡诺图

卡诺图是由表示变量所有可能取值组合的小方格所构成的图形。

利用卡诺图表示逻辑函数的方法是:在那些使函数值为 1 的变量取值组合所对应的小方格内填入 1,其余的方格内填入 0 或不填,便得到该函数的卡诺图。

5. 波形图

在给出输入变量随时间变化的波形后,根据输出变量与其对应关系,即可找出输出变量随时间变化的规律。这种反映输入和输出波形变化规律的图形称为波形图,又叫时序图。图 1.4.3 是给定 A、B 波形后所画出 $Y=\overline{A}B+A\overline{B}$ 的波形图。

波形图能清晰地反映出变量间的时间关系,以及函数值随时间变化的规律。

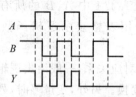

图 1.4.3 $Y=\overline{A}B+A\overline{B}$ 的波形

画波形图时要特别注意,横坐标是时间轴,纵坐标是变量取值。由于时间轴相同,变量取值又十分简单,只有 0(低)和 1(高)两种可能,所以在图中可不画出坐标轴。但具体画波形时,一定要对应时间来画。

有了逻辑函数式即可对应画出逻辑图。如果给出输入变量的波形图,根据真值表变量间的对应关系,就可以画出输出函数的波形图。

反之,如果给出了函数的逻辑图或波形图,从输入和输出变量的对应关系,不难求出真值表和函数式。

例 1.4.2 用真值表和逻辑图来表示同或函数 $Y=\overline{A}\overline{B}+AB$。

解:同或函数的真值表如表 1.4.2 所示,逻辑图如图 1.4.4 所示。

表 1.4.2 同或函数的真值表

A	B	Y
0	0	1
0	1	0
1	0	0
1	1	1

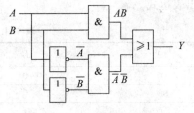

图 1.4.4 同或函数的逻辑图

例 1.4.3 已知函数的逻辑表达式 $Y=B+\overline{A}C$。求:(1)列出相应的真值表;(2)已知输入波形,画出输出波形;(3)画出逻辑图。

解:(1) 将 A、B、C 的所有组合代入逻辑表达式中进行计算,得到真值表,如表 1.4.3 所示。

(2) 根据真值表,由已知的输入变量 A、B、C 的波形,画出输出 Y 波形,如图 1.4.5 所示。

(3) 根据逻辑表达式,画出逻辑图,如图 1.4.6 所示。

表 1.4.3 例 1.4.3 的真值表

A	B	C	Y
0	0	0	0
0	0	1	1
0	1	0	1
0	1	1	1
1	0	0	0
1	0	1	0
1	1	0	1
1	1	1	1

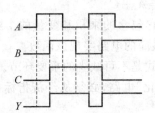

图 1.4.5 例 1.4.3 的波形图

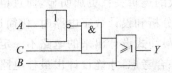

图 1.4.6 例 1.4.3 的逻辑图

例 1.4.4 已知函数 Y 的逻辑图 1.4.7 所示,写出函数 Y 的逻辑表达式。

解:根据逻辑图逐级写出输出端函数表达式如下:

$$Y_1=A\overline{B}C \quad Y_2=A\overline{B}\overline{C} \quad Y_3=\overline{A}\overline{B}C$$

最后得到函数 Y 的表达式为

$$Y=A\overline{B}C+A\overline{B}\overline{C}+\overline{A}\overline{B}C$$

例 1.4.5 已知真值表如表 1.4.4 所示,根据真值

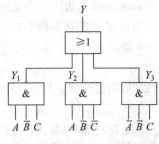

图 1.4.7 例 1.4.4 的逻辑图

表写出表达式。

表 1.4.4 例 1.4.5 的真值表

A	B	C	Y
0	0	0	0
0	0	1	0
0	1	0	1
0	1	1	1
1	0	0	0
1	0	1	0
1	1	0	1
1	1	1	1

解：根据真值表写逻辑表达式方法写出逻辑表达式为

$$Y = \overline{A}BC + \overline{A}B\overline{C} + AB\overline{C} + ABC$$

1.5 逻辑函数的化简

1.5.1 化简的意义与标准

1. 逻辑函数化简的意义

在实际问题中，直接根据逻辑关系列出的逻辑函数是比较复杂的，含有较多的逻辑变量和逻辑运算符。为了提高数字电路的可靠性，尽可能地减少所用的元件数目，通过化简的方法得到逻辑函数的最简形式。

例如，逻辑函数 $Y = A + \overline{A}C + AB$，根据公式 $A + AB = A$ 和 $A + \overline{A}B = A + B$ 可以得到：

$$Y = A + \overline{A}C + AB = A + C$$

显然，变换后的函数式比原来的要简单得多。它包含的乘积和变量的个数都减少了。这不仅使函数的逻辑关系更加明显，而且也便于用最简的电路实现该函数。

因此，在分析和设计数字电路时，化简逻辑函数式是不可缺少的重要环节。

但是，由最简式设计出来的电路不一定是"最佳化"电路，必须从经济指标、速度和功耗等多个指标综合考虑，才能设计出最佳电路。

2. 化简的标准

逻辑函数的表达式并不是唯一的，可以写成各种不同的形式，因而实现同一种逻辑关系的数字电路也可以有多种形式。最常用的是与或表达式和与非-与非表达式等。

(1) 最简与或式：是指式中的乘积项最少，同时每个乘积项包含的变量数也最少的与或表达式。

(2) 最简或与式：是指式中的括号最少，并且每个括号内相加的变量也最少的或与表达式。

(3) 最简与非-与非式：是指式中的非号最少，并且每个非号下面乘积项中的变量也最少的与非-与非式。

(4) 最简或非-或非式：是指式中的非号最少，并且每个非号下面相加的变量也最少的或非-或非式。

(5) 最简与或非式：是指式中的非号下面相加的乘积项最少，并且每个乘积项中相乘的变量也最少的与或非式。

对逻辑函数化简时，往往先将其化为最简与或表达式，然后再根据需要通过公式变换，转化成其他形式的最简表达式。

例如，任何一个逻辑函数式都可以通过逻辑变换写成以下五种形式，对应的逻辑图如图 1.5.1 所示。

$$Y = AB + \overline{A}C \quad \text{与或式}$$
$$= (\overline{A} + B)(A + C) \quad \text{或与式}$$
$$= \overline{\overline{AB} \cdot \overline{\overline{A}C}} \quad \text{与非-与非式}$$
$$= \overline{\overline{(\overline{A} + B)} + \overline{(A + C)}} \quad \text{或非-或非式}$$
$$= \overline{A\overline{B} + \overline{A}\overline{C}} \quad \text{与或非式}$$

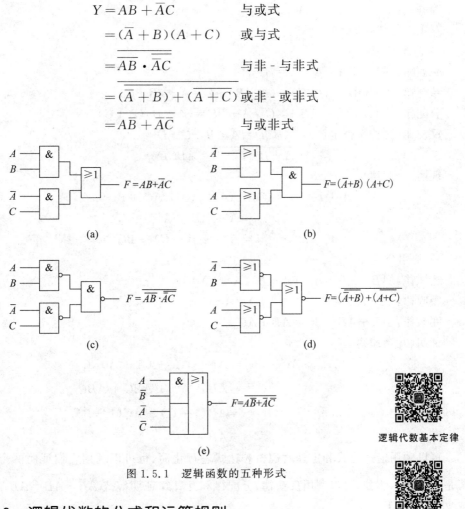

图 1.5.1　逻辑函数的五种形式

1.5.2　逻辑代数的公式和运算规则

1. 逻辑代数的基本公式和定理

根据逻辑变量的取值只有 0 和 1，以及与、或、非 3 种基本逻辑运算等规律，可推导出逻辑运算的基本公式和定理。对这些公式的证明，最直接的方法是利用真值表证明，即分别列出等式两边逻辑函数的真值表，若两张真值表完全一致，就说明两个逻辑函数相等。也可利用已知的公式证明其他公式。

1) 常量之间的关系

因为只有 0 和 1 两个常量,逻辑变量的取值不是 0 就是 1。

$$0 \cdot 0 = 0 \quad 0 \cdot 1 = 0 \quad 1 \cdot 0 = 0 \quad 1 \cdot 1 = 1$$
$$0 + 0 = 0 \quad 0 + 1 = 1 \quad 1 + 0 = 1 \quad 1 + 1 = 1$$
$$\overline{0} = 1 \quad \overline{1} = 0$$

2) 基本公式

0-1 律:$A + 0 = A \quad A \cdot 1 = A \quad A + 1 = 1 \quad A \cdot 0 = 0$

互补律:$A + \overline{A} = 1 \quad A\overline{A} = 0$

等幂律:$A + A = A \quad AA = A$

双重否定律:$\overline{\overline{A}} = A$

3) 基本定理

交换律:$AB = BA \quad A + B = B + A$

结合律:$(AB)C = A(BC) \quad (A + B) + C = A + (B + C)$

分配律:$A(B + C) = AB + AC \quad A + BC = (A + B)(A + C)$

反演律(又称摩根定律):$\overline{ABCD} = \overline{A} + \overline{B} + \overline{C} + \overline{D}$
$$\overline{A + B + C + D} = \overline{A}\,\overline{B}\,\overline{C}\,\overline{D}$$

证明(分配律):

$$(A + B)(A + C) = AA + AB + AC + BC$$
$$= A + AB + AC + BC$$
$$= A(1 + B + C) + BC = A + BC$$

4) 常用公式

还原律:$AB + A\overline{B} = A \quad (A + B)(A + \overline{B}) = A$

吸收律:$A + AB = A \quad A(A + B) = A$

冗余律:$AB + \overline{A}C + BC = AB + \overline{A}C$

证明(冗余律):

$$AB + \overline{A}C + BC = AB + \overline{A}C + (A + \overline{A})BC$$
$$= AB + \overline{A}C + ABC + \overline{A}BC$$
$$= AB(1 + C) + \overline{A}C(1 + B)$$
$$= AB + \overline{A}C$$

可以利用上述公式和定理对逻辑表达式进行化简,也可以利用它们证明两个逻辑表达式是否相等。例如,可以利用反演律、分配律和互补律证明等式 $A\overline{B} + \overline{A}B = \overline{\overline{A}\overline{B} + AB}$ 是否成立,证明如下。

$$\overline{\overline{A}\overline{B} + AB} = \overline{\overline{A}\overline{B}} \cdot \overline{AB} \quad \text{(反演律)}$$
$$= (\overline{A} + B)(A + \overline{B}) \quad \text{(反演律)}$$
$$= A\overline{A} + \overline{A}\overline{B} + AB + B\overline{B} \quad \text{(分配律)}$$
$$= \overline{A}\overline{B} + AB \quad \text{(互补律)}$$

可见等式成立。

2. 逻辑代数运算的基本规则

1) 代入规则

任何一个含有变量 A 的等式,如果将所有出现 A 的位置都用同一个逻辑函数代替,则等式仍然成立,这个规则称为代入规则。

例如:已知等式 $\overline{AB} = \overline{A} + \overline{B}$,用函数 $Y = AC$ 代替等式中的 A,根据代入规则,等式为
$$\overline{(AC)B} = \overline{AC} + \overline{B} = \overline{A} + \overline{B} + \overline{C}$$

据此可以证明 n 个变量的摩根定律成立。

2) 反演规则

对于任何一个逻辑表达式 Y,如果将表达式中的所有"·"换成"+"、"+"换成"·"、"0"换成"1"、"1"换成"0"、原变量换成反变量、反变量换成原变量,所得到的表达式是函数 Y 的反函数(或称补函数) $\overline{Y}$。这个规则称为反演规则。

利用反演规则可以很容易地求出一个函数的反函数。需要注意的是,在运用反演规则求一个函数的反函数时,必须按照逻辑运算的优先顺序进行:先算括号,接着算与运算,然后算或运算,最后算非运算,求出的反函数运算顺序和原函数运算顺序一致,否则容易出错。

例 1.5.1 证明摩根定律: $\overline{AB} = \overline{A} + \overline{B}$。

解:等式两边 $\overline{AB}$ 和 $\overline{A} + \overline{B}$ 的真值表如表 1.5.1 所示,因为同一输入取值 A、B 对应的等式两端的函数取值一样,则证明左、右两边函数相等。

表 1.5.1 例 1.5.1 的真值表

A	B	$\overline{AB}$	$\overline{A} + \overline{B}$
0	0	1	1
0	1	1	1
1	0	1	1
1	1	0	0

例 1.5.2 求函数 $Y = A\overline{B} + C\overline{D}E$ 的反函数。

解: $\overline{Y} = (\overline{A} + B)(\overline{C} + D + \overline{E})$

1.5.3 逻辑函数的公式化简法

逻辑函数的公式化简法就是利用逻辑代数的基本公式、基本定理和常用公式,将复杂的逻辑函数给予化简的方法。常用的方法有以下几种。

1. 并项法

利用公式 $A + \overline{A} = 1$,将两项合并为一项,并消去一个变量。

例 1.5.3 化简函数 $Y = ABC + AB\overline{C} + AB\overline{C} + A\overline{B}C$。

解: $Y = ABC + AB\overline{C} + AB\overline{C} + A\overline{B}C = AB(C + \overline{C}) + A\overline{B}(C + \overline{C})$
$= AB + A\overline{B} = A(B + \overline{B}) = A$

例 1.5.4 化简函数 $Y = ABC + A\overline{B} + A\overline{C}$。

解: $Y = ABC + A\overline{B} + A\overline{C} = ABC + A(\overline{B} + \overline{C})$
$= ABC + A\overline{BC} = A(BC + \overline{BC}) = A$

逻辑函数的
公式化简法

2. 吸收法

(1) 利用公式 $A+AB=A$,消去多余的项。

例 1.5.5 化简函数 $Y=\overline{A}B+\overline{A}BCD(E+F)$。

解: $Y=\overline{A}B+\overline{A}BCD(E+F)=\overline{A}B$

例 1.5.6 化简函数 $Y=A+\overline{B}+\overline{CD}+\overline{AD\overline{B}}$。

解: $Y=A+\overline{B}+\overline{CD}+\overline{AD\overline{B}}=A+BCD+AD+B$

$=(A+AD)+(B+BCD)=A+B$

(2) 利用公式 $A+\overline{A}B=A+B$,消去多余的变量。

证明: $A+\overline{A}B=(A+\overline{A})(A+B)=1 \cdot (A+B)=A+B$

例 1.5.7 化简函数 $Y=A\overline{B}+C+\overline{A}CD+B\overline{C}D$。

解: $Y=A\overline{B}+C+\overline{A}CD+B\overline{C}D$

$=A\overline{B}+C+\overline{C}(\overline{A}+B)D=A\overline{B}+C+(\overline{A}+B)D$

$=A\overline{B}+C+\overline{A\overline{B}}D=A\overline{B}+C+D$

例 1.5.8 化简函数 $Y=AB+\overline{A}C+\overline{B}C$。

解: $Y=AB+\overline{A}C+\overline{B}C=AB+(\overline{A}+\overline{B})C$

$=AB+\overline{AB}C=AB+C$

3. 配项法

(1) 利用公式 $A=A(B+\overline{B})$,为某一项配上其所缺的变量,以便用其他方法进行化简。

例 1.5.9 化简函数 $Y=A\overline{B}+\overline{B}C+B\overline{C}+\overline{A}B$。

解: $Y=A\overline{B}+\overline{B}C+B\overline{C}+\overline{A}B$

$=A\overline{B}+\overline{B}C+(A+\overline{A})B\overline{C}+\overline{A}B(C+\overline{C})$

$=A\overline{B}+\overline{B}C+AB\overline{C}+\overline{A}B\overline{C}+\overline{A}BC+\overline{A}B\overline{C}$

$=A\overline{B}(1+C)+B\overline{C}(1+\overline{A})+\overline{A}C(B+\overline{B})$

$=A\overline{B}+B\overline{C}+\overline{A}C$

(2) 利用公式 $A+A=A$,为某项配上其所能合并的项。

例 1.5.10 化简函数 $Y=ABC+AB\overline{C}+A\overline{B}C+\overline{A}BC$。

解: $Y=ABC+AB\overline{C}+A\overline{B}C+\overline{A}BC$

$=(ABC+AB\overline{C})+(ABC+A\overline{B}C)+(ABC+\overline{A}BC)$

$=AC+AB+BC$

4. 消去冗余项法

利用冗余律 $AB+\overline{A}C+BC=AB+\overline{A}C$,将冗余项 BC 消去。

例 1.5.11 化简函数 $Y=A\overline{B}+AC+ADE+\overline{C}D$。

解: $Y=A\overline{B}+AC+ADE+\overline{C}D$

$=A\overline{B}+(AC+\overline{C}D+ADE)$

$=A\overline{B}+AC+\overline{C}D$

例 1.5.12 化简函数 $Y=AB+\bar{B}C+AC(DE+FG)$。

解：$Y = AB+\bar{B}C+AC(DE+FG)$
$= AB+\bar{B}C$

例 1.5.13 化简函数 $Y=AB+A\bar{C}+\bar{B}C+B\bar{C}+ADEF$。

解：$Y = AB+A\bar{C}+\bar{B}C+B\bar{C}+ADEF = A(B+\bar{C})+\bar{B}C+B\bar{C}+ADEF$
$= A\overline{\bar{B}C}+\bar{B}C+B\bar{C}+ADEF$
$= A+\bar{B}C+B\bar{C}+ADEF$
$= A+\bar{B}C+B\bar{C}$

从以上例子可以看出，用公式化简法难以判断所得结果是否为最简式。因此，公式化简法一般适用于较为简单的逻辑函数化简使用。

1.5.4 逻辑函数的卡诺图化简法

用公式法化简逻辑函数，需要熟练掌握逻辑代数公式，还要有一定的运算技巧，而且化简的结果有时还难以肯定是最简、最合理的。下面介绍的卡诺图化简法，它可以既简便又直观地得到最简的逻辑函数式。

1) 最小项的定义

对于有 n 个变量的逻辑函数，如果其与或表达式中的每个乘积项都包含 n 个因子，这 n 个因子分别为 n 个变量的原变量或反变量，每个变量在乘积项中出现且仅出现一次，这样的乘积项就称为逻辑函数的最小项。n 个变量的逻辑函数共有 2^n 个最小项。

例如，在两变量逻辑函数 $Y=F(A,B)$ 中，根据最小项的定义，它们组成四个乘积项：$\bar{A}\bar{B}$、$\bar{A}B$、$A\bar{B}$ 和 AB 是最小项。而根据定义，$A\bar{A}B$、B、$A(A+B)$ 均不是最小项。

例如，在三变量逻辑函数 $Y=F(A,B,C)$ 中，根据最小项的定义，它们组成八个乘积项：$\bar{A}\bar{B}\bar{C}$、$\bar{A}\bar{B}C$、$\bar{A}B\bar{C}$、$\bar{A}BC$、$A\bar{B}\bar{C}$、$A\bar{B}C$、$AB\bar{C}$ 和 ABC 是最小项。

2) 最小项的性质

(1) 任意两个不同最小项的逻辑乘恒为 0。

(2) n 变量的全部最小项的逻辑和恒为 1。

最小项概念和编号

(3) 对于一个 n 变量的函数，每个最小项有 n 个最小项与之相邻。

(4) 若两个最小项之间只有一个变量不同，其余各变量均相同，则称这两个最小项互为逻辑相邻项。

3) 最小项的编号

为了表达方便，最小项通常用 m_i 表示，下标 i 即最小项编号，用十进制数表示，编号的方法是：最小项中的原变量用 1 表示，反变量用 0 表示，构成二进制数；将此二进制数转换成相应的十进制数就是该最小项的编号。例如，最小项 $\bar{A}\bar{B}C$ 对应的变量取值为 001，二进制数 001 对应的十进制数为 1，则该最小项编号为 m_1。因此，三变量的全部最小项 $\bar{A}\bar{B}\bar{C}$、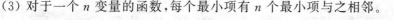
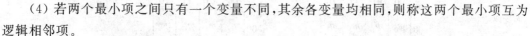
$\bar{A}\bar{B}C$、$\bar{A}B\bar{C}$、$\bar{A}BC$、$A\bar{B}\bar{C}$、$A\bar{B}C$、$AB\bar{C}$、ABC 依次记为 m_0、m_1、m_2、m_3、m_4、m_5、m_6、m_7。

4) 最小项的卡诺图

卡诺图就是将逻辑函数的最小项按相邻性原理排列而构成的正方形或矩形的方格图。图中分成若干个小方格,每个小方格代表一个最小项,就得到最小项的卡诺图,又称为变量卡诺图。卡诺图的排列结构特点是按几何相邻反映逻辑相邻来进行的。n 个变量的卡诺图由 2^n 个最小项方格组成,卡诺图的变量表示均采用循环码形式,这样上下、左右之间的最小项都是逻辑相邻项,特别是卡诺图的变量水平(垂直)方向同一行(列)左、右(上、下)两端的方格是相邻项,卡诺图中对称于水平和垂直中心线的四个外顶格也是相邻项。

二变量卡诺图:它有 $2^2=4$ 个最小项,因此有四个方格,卡诺图上面和左面的 0 表示反变量,1 表示原变量,左上方标注斜线上面为 A,下面为 B,也可以交换,每个小方格对应着一种变量的取值组合,如图 1.5.2(a)所示。

三变量卡诺图:有 $2^3=8$ 个最小项,如图 1.5.2(b)所示。

四变量卡诺图:有 $2^4=16$ 个最小项,如图 1.5.2(c)所示。

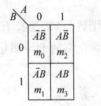

(a) 二变量卡诺图

(b) 三变量卡诺图

卡诺图的概念和
变量卡诺图

(c) 四变量卡诺图

图 1.5.2 变量卡诺图

5）最小项表达式

任何一个逻辑函数都可以表示成若干个最小项之和的形式，这样的逻辑表达式称为最小项表达式，又称标准与或式。

例 1.5.14 将逻辑函数 $Y=A\bar{B}+BC+A\bar{C}$ 展开成最小项之和的形式。

解：在 $A\bar{B}$、BC 和 $A\bar{C}$ 中分别乘以$(C+\bar{C})$、$(A+\bar{A})$和$(B+\bar{B})$可得到

$$\begin{aligned}Y&=A\bar{B}(C+\bar{C})+BC(A+\bar{A})+A\bar{C}(B+\bar{B})\\&=A\bar{B}C+A\bar{B}\bar{C}+ABC+\bar{A}BC+AB\bar{C}+A\bar{B}\bar{C}\\&=A\bar{B}C+A\bar{B}\bar{C}+ABC+\bar{A}BC+AB\bar{C}\end{aligned}$$

为了书写方便，通常用最小项编号表示最小项，上式可以写为

$$Y(ABC)=m_3+m_4+m_5+m_6+m_7=\sum m(3,4,5,6,7)$$

一个确定的逻辑函数，它的最小项表达式是唯一的。

例 1.5.15 将逻辑函数 $Y=AB\bar{C}+\bar{A}+BC$ 展开成最小项之和的形式。

解：
$$\begin{aligned}Y&=AB\bar{C}+\bar{A}(B+\bar{B})(C+\bar{C})+BC(A+\bar{A})\\&=AB\bar{C}+\bar{A}BC+\bar{A}B\bar{C}+\bar{A}\bar{B}C+\bar{A}\bar{B}\bar{C}+ABC+\bar{A}BC\\&=AB\bar{C}+\bar{A}\bar{B}\bar{C}+\bar{A}\bar{B}C+\bar{A}B\bar{C}+\bar{A}BC+ABC\\&=m_0+m_1+m_2+m_3+m_6+m_7\\&=\sum m(0,1,2,3,6,7)\end{aligned}$$

例 1.5.16 将逻辑函数 $Y=\overline{AC+\overline{\bar{B}C}}+AB$ 展开成最小项之和的形式。

解：利用摩根定律将函数变换为与或表达式，然后展开成最小项之和形式。

$$\begin{aligned}Y&=\overline{AC+\overline{\bar{B}C}}+AB\\&=\overline{AC}\cdot\bar{B}C+AB=(\bar{A}+\bar{C})\bar{B}C+AB(C+\bar{C})\\&=\bar{A}\bar{B}C+ABC+AB\bar{C}\\&=\sum m(1,6,7)\end{aligned}$$

1.5.5 卡诺图化简逻辑函数

1. 逻辑函数的卡诺图

1）根据逻辑函数的最小项表达式求函数的卡诺图

只要将表达式 Y 中包含的最小项对应的方格内填 1，没有包含的项填 0 或不填，就得到函数卡诺图。

例 1.5.17 将 $Y=\sum m(1,2,3)$ 用卡诺图表示。

解：将表达式 Y 中包含的最小项对应的方格内填 1，如图 1.5.3 所示。

图 1.5.3 例 1.5.17 的卡诺图

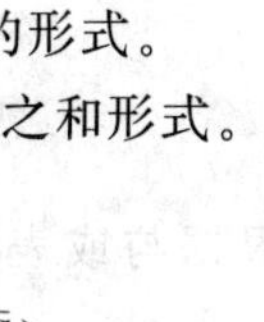

2）根据真值表画卡诺图

例 1.5.18 已知 Y 的真值表如表 1.5.2 所示，画出函数卡诺图。

表 1.5.2 例 1.5.18 的真值表

A	B	C	Y
0	0	0	0
0	0	1	1
0	1	0	1
0	1	1	0
1	0	0	0
1	0	1	1
1	1	0	0
1	1	1	0

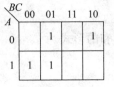

图 1.5.4 例 1.5.18 的卡诺图

解：根据真值表直接画出函数卡诺图如图 1.5.4 所示。

3）根据表达式直接得出函数卡诺图

例 1.5.19 将 $Y = \overline{\overline{AB + \overline{C}} + \overline{A}B\overline{C} + AC}$ 用卡诺图表示。

解：（1）利用摩根定律去掉非号，直到最后得到一个与或表达式，即

$$Y = \overline{\overline{AB + \overline{C}} + \overline{A}B\overline{C} + AC}$$
$$= \overline{AB}C + \overline{A}B\overline{C} + AC$$
$$= (\overline{A} + \overline{B})C + \overline{A}B\overline{C} + AC$$
$$= \overline{A}C + \overline{B}C + \overline{A}B\overline{C} + AC$$

（2）根据与或表达式画出函数卡诺图，如图 1.5.5 所示。

2. 逻辑函数卡诺图化简法

（1）化简依据。利用公式 $AB + A\overline{B} = A$ 将两个最小项合并消去不同的变量，保留相同变量。

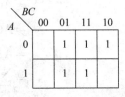

图 1.5.5 例 1.5.19 的卡诺图

（2）合并最小项的规律。利用卡诺图合并最小项有两种方法：圈 0 得到反函数，圈 1 得到原函数，通常采用圈 1 的方法。只有 2^m 个最小项的相邻项才能合并，如 2、4、8、16 个相邻项可合并。

（3）必须按照相邻规则画卡诺圈，卡诺图中任何几何位置相邻的两个最小项，在逻辑上都是相邻的。

几何位置相邻包括三种情况：一是相接，即紧挨着的方格相邻；二是相对，即一行或一列的两头、两边、四角相邻；三是相重，即以对称轴为中心对折起来重合的位置相邻。如 m_0、m_1、m_2 和 m_3 四个最小项，m_0 与 m_1、m_1 与 m_3、m_3 与 m_2 均相邻，且 m_2 与 m_0 还相邻，这样的 2^m 个相邻的最小项可合并。

（4）化简方法是消去不同变量，保留相同变量，合并圈越大，消去的变量数越多。

① 两个相邻项可合并为一项，消去一个表现形式不同的变量，保留相同变量。

② 四个相邻项可合并为一项，消去两个表现形式不同的变量，保留相同变量。

③ 八个相邻项可合并为一项,消去三个表现形式不同的变量,保留相同变量。

以此类推,2^m 个相邻项合并可消去 m 个不同变量,保留相同变量。

如图 1.5.6 所示为最小项合并的过程。

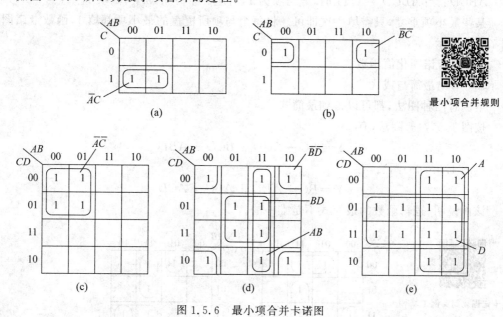

图 1.5.6 最小项合并卡诺图

(5) 卡诺图的主要缺点是随着输入变量的增加图变得复杂,相邻项不那么直观,因此它只适于用来表示 6 个以下变量的逻辑函数。

3. 用卡诺图化简逻辑函数的步骤

在卡诺图上以最少的卡诺圈数和尽可能大的卡诺圈覆盖所有填 1 的方格,就可以求得逻辑函数的最简与或式。化简步骤如下。

(1) 画出函数的卡诺图。

(2) 画卡诺圈。按合并最小项的规律,将 2^m 个相邻项为 1 的小方格圈起来。先从只有一种圈法的最小项开始圈起,卡诺圈的数目应最少(与项的项数最少),卡诺圈应尽量大(对应与项中变量数最少)。

(3) 读出化简结果。一个卡诺圈得到一个与项,将各个卡诺圈所得的乘积项相或,就得到化简后的逻辑表达式。

注意:根据重叠律 $A+A=A$,任何一个 1 可以圈多次,但如果在某个卡诺圈中所有的 1 均已被其他卡诺圈圈过,则该圈为多余圈。为了避免出现多余圈,应保证每个卡诺圈内至少有一个 1 只被圈过一次。

例 1.5.20 用卡诺图化简法化简逻辑函数 $Y=\overline{B}CD+\overline{A}B\overline{D}+\overline{B}C\overline{D}+AB\overline{C}+ABCD$。

解:(1) 画出 Y 的卡诺图。先确定使每个与项为 1 的输入变量取值,然后在该输入变量取值所对应的方格内填 1。

$\overline{B}CD$:当 $ABCD=\times011$($\times$ 表示可以为 0,也可以为 1)时,该与项为 1,在卡诺图上对应两个方格(m_3、m_{11})填 1。

$\overline{A}B\overline{D}$:当 $ABCD=01\times0$ 时,该与项为 1,对应两个方格(m_4、m_6)处填 1。

$B\overline{C}D$：当 $ABCD = \times 010$ 时，该与项为1，对应两个方格(m_2、m_{10})处填1。

$AB\overline{C}$：当 $ABCD = 110\times$ 时，该与项为1，对应两个方格(m_{12}、m_{13})处填1。

$ABCD$：当 $ABCD = 1111$ 时，该与项为1，对应一个方格(m_{15})处填1。

某些最小项重复，只需填一次即可。将每个与项所覆盖的最小项都填1，函数卡诺图如图1.5.7所示。

(2) 画卡诺圈化简函数。

(3) 写出最简与或式。

本例有两种圈法，都可以得到最简式。

按图1.5.7(a)圈法，有

$$Y = \overline{B}C + \overline{A}C\overline{D} + B\overline{C}D + ABD$$

按图1.5.7(b)圈法，有

$$Y = \overline{B}C + \overline{A}B\overline{D} + AB\overline{C} + ACD$$

该例说明，逻辑函数的最简式不是唯一的。

卡诺图化简实例1

卡诺图化简实例2

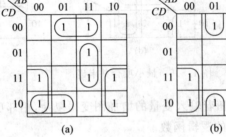

图1.5.7 例1.5.20的卡诺图

例1.5.21 用卡诺图化简法化简逻辑函数 $Y = \sum m(0,1,2,3,4,5,8,10,11)$。

解：(1) 画出Y的卡诺图，如图1.5.8所示。

(2) 画卡诺圈化简函数。

(3) 写出最简与或式。

$$Y = \overline{A}\,\overline{C} + \overline{B}\,\overline{D} + \overline{B}C$$

例1.5.22 用卡诺图化简法化简逻辑函数 $Y = \sum m(1,3,4,5,10,11,12,13)$。

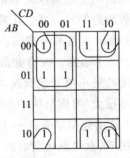

图1.5.8 例1.5.21的卡诺图

解：(1) 画出Y的卡诺图，如图1.5.9所示。

(2) 画卡诺圈。按照最小项合并规律，将可以合并的最小项分别圈起来。根据化简原则，应选择最少的卡诺圈和尽可能大的卡诺圈覆盖所有的1。

(3) 写出最简式。

$$Y = B\overline{C} + \overline{A}\,\overline{B}D + A\overline{B}C$$

对于卡诺图化简圈图时，常出现多余圈等问题，图1.5.10所示分别对应四个函数错误圈法和正确圈法的对比情况。

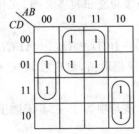

图1.5.9 例1.5.22的卡诺图

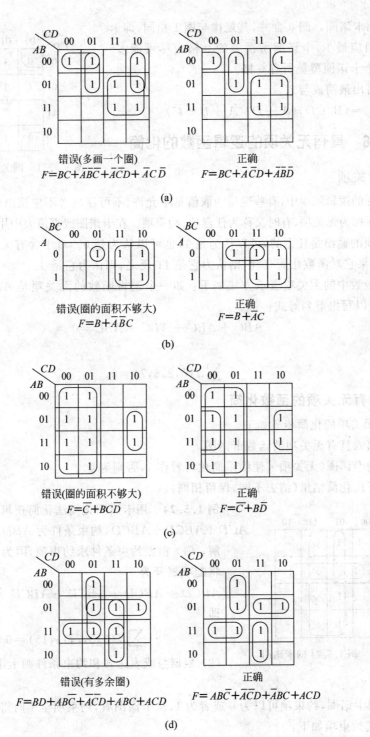

图 1.5.10 四个函数错误圈法和正确圈法对比图

例 1.5.23 求 $Y=\sum m(1,3,4,5,6,7,9,11,13)$ 的最简或与表达式。

解：(1) 画出 Y 的卡诺图如图 1.5.11 所示。

(2) 圈卡诺圈。圈 0 合并,其规律与圈 1 相同,即卡诺圈的数目应最少,卡诺圈所覆盖的 0 格应尽可能多。本例用三个卡诺圈覆盖所有 0 格。

(3) 写出最简或与式。
$$Y=(B+D)(\overline{A}+D)(\overline{A}+\overline{B}+\overline{C})$$

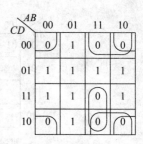

图 1.5.11 例 1.5.23 的卡诺图

1.5.6 具有无关项的逻辑函数的化简

1. 无关项

在实际的逻辑问题中,有些变量的取值是不允许、不可靠或者不应该出现的,这些取值对应的最小项称为无关项,有时又称为任意项、约束项。在卡诺图或真值表中用×或 φ 表示。

无关项的输出是任意的,可以认为是 1,也可以认为是 0。对于含有无关项的逻辑函数的化简,如果它对函数化简有利,则认为它是 1;反之,则认为它是 0。

逻辑函数中的无关项表示方法如下:如一个逻辑函数的无关项是 $\overline{A}\overline{B}\overline{C}$、$AB\overline{C}$、$\overline{A}B\overline{C}$、$ABC$,则可以写出下列等式:

$$\overline{A}\overline{B}\overline{C}+AB\overline{C}+\overline{A}B\overline{C}+ABC=0$$

或

$$\sum d(0,2,6,7)=0$$

2. 具有无关项的函数化简

具有无关项的化简步骤如下。

(1) 填入具有无关项的函数卡诺图。

(2) 画卡诺圈(无关项×使结果简化可看作 1,否则为 0)。

(3) 写出化简结果(消去不同,保留相同)。

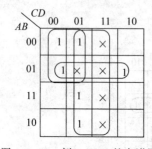

图 1.5.12 例 1.5.24 的卡诺图

例 1.5.24 用卡诺图化简法化简逻辑函数 $Y=\overline{A}C\overline{D}+ACD+\overline{A}\overline{B}CD+\overline{A}\overline{B}C\overline{D}$,约束条件为 $\overline{A}BD+CD=0$。

解:(1) 根据约束条件求约束项,因为 $\overline{A}BD+CD=0$ 将配项展开为

$$A\overline{B}CD+ABCD+\overline{A}BCD+\overline{A}B\overline{C}D+\overline{A}BCD=0$$

即

$$\sum d(3,5,7,11,15)=0$$

(2) 根据与或表达式和约束条件画卡诺图,如图 1.5.12 所示。

(3) 圈卡诺圈,约束项可以为 0 或者为 1,从卡诺图看,约束项全 1 时得到最简逻辑函数表达式及其约束项如下:

$$Y=\overline{A}B+D+\overline{A}C$$

$$\overline{A}BD+CD=0 \quad (约束项条件)$$

例 1.5.25 用卡诺图化简法化简逻辑函数 $Y=\sum m(0,2,7,8,13,15)+\sum d(3,4,5,6,9,10,12,14)$。

解：(1) 根据最小项表达式画卡诺图，如图 1.5.13 所示。

(2) 画卡诺圈，得到逻辑函数表达式：

$$Y = BD + \overline{B}\overline{D}$$

$$\sum d(3,4,5,6,9,10,12,14) = 0 \quad （约束项条件）$$

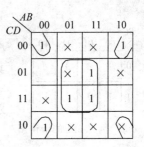

图 1.5.13 例 1.5.25 的卡诺图

例 1.5.26 十字路口的交通信号灯，红、绿、黄分别用 A、B、C 表示，灯亮用 1 表示，灯灭用 0 表示，车辆通行状态用 Y 表示，停车时 Y 为 0，通车时 Y 为 1，用卡诺图化简逻辑函数。

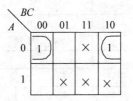

图 1.5.14 例 1.5.26 的卡诺图

解：(1) 在时间交通信号灯工作时，不可能有两个或两个以上的灯同时亮(灯全灭时，允许车辆感到安全时可以通行)。根据要求列出真值表，如表 1.5.3 所示。

(2) 根据真值表画卡诺图。如图 1.5.14 所示。

(3) 圈卡诺图合并最小项，其中约束项可以当作 0 或 1，目的是要得到最简式。

$$Y = \overline{AC}$$

表 1.5.3 例 1.5.26 的真值表

A	B	C	Y
0	0	0	1
0	0	1	0
0	1	0	1
0	1	1	×
1	0	0	1
1	0	1	×
1	1	0	×
1	1	1	×

1.6 逻辑函数表示方法之间的转换

逻辑函数的 5 种表示方法是相通的，可以互相转换。其中最为重要的是真值表与逻辑图之间的转换。

1.6.1 由真值表到逻辑图的转换

由真值表到逻辑图的转换可按以下步骤进行。

(1) 根据真值表写出函数的与或表达式，或者画出函数的卡诺图。

(2) 用公式法或者卡诺图法进行化简，求出函数的最简与或表达式。

(3) 根据函数的最简与或表达式画逻辑图，有时还要对与或表达式进行适当变换，才能画出所需要的逻辑图。

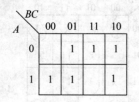

图 1.6.1 例 1.6.1 的卡诺图

例 1.6.1 输出变量 Y 是输入变量 A、B、C 的函数,当 A、B、C 的取值不一样时,$Y=1$;否则,$Y=0$。列出此问题的真值表,并画出逻辑图。

解:(1)根据题意可以列出函数的真值表,如表 1.6.1 所示。由真值表写出函数的逻辑表达式为

$$Y = \sum m(1,2,3,4,5,6)$$

根据逻辑表达式或真值表画出函数的卡诺图,如图 1.6.1 所示。

表 1.6.1 例 1.6.1 的真值表

A	B	C	Y
0	0	0	0
0	0	1	1
0	1	0	1
0	1	1	1
1	0	0	1
1	0	1	1
1	1	0	1
1	1	1	0

(2)进行化简。用卡诺图化简法,合并函数的最小项,得到函数的最简与或表达式为

$$Y = A\overline{B} + B\overline{C} + \overline{A}C$$

(3)画逻辑图。根据上式可画出函数的逻辑图,如图 1.6.2(a)所示。

如果要用与非逻辑符号画逻辑图,则应先将函数的最简与或表达式转换为最简与非-与非表达式:

$$Y = \overline{\overline{A\overline{B} + B\overline{C} + \overline{A}C}} = \overline{\overline{A\overline{B}} \cdot \overline{B\overline{C}} \cdot \overline{\overline{A}C}}$$

根据上式画出的逻辑图如图 1.6.2(b)所示。

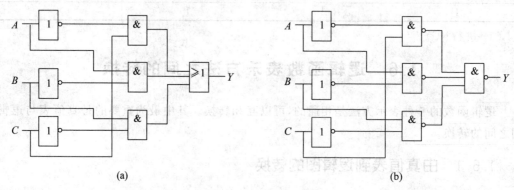

图 1.6.2 例 1.6.1 的逻辑图

1.6.2 由逻辑图到真值表的转换

由逻辑图到真值表的转换可按以下步骤进行。

(1) 从输入到输出或从输出到输入,用逐级推导的方法,写出各个输出变量的逻辑表达式。

(2) 将得到的逻辑表达式进行化简,求出函数的最简与或表达式。

(3) 将函数的各种可能取值组合代入与或表达式中进行计算,并列出函数的真值表。

例 1.6.2 逻辑图如图 1.6.3 所示,列出输出信号的真值表。

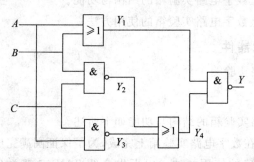

图 1.6.3 例 1.6.2 的逻辑图

解:(1) 从输入到输出逐级写出各个输出的逻辑表达式。

$$Y_1 = A + B$$
$$Y_2 = \overline{BC}$$
$$Y_3 = \overline{AC}$$
$$Y_4 = Y_2 + Y_3 = \overline{BC} + \overline{AC}$$
$$Y = \overline{Y_1 Y_4} = \overline{(A+B)(\overline{BC} + \overline{AC})}$$

(2) 对逻辑表达式进行化简,求出函数的最简与或表达式。

$$Y = \overline{(A+B)(\overline{BC} + \overline{AC})} = \overline{A+B} + \overline{\overline{BC} + \overline{AC}}$$
$$= \overline{A}\overline{B} + \overline{\overline{B} + \overline{C}} + \overline{\overline{A} + \overline{C}} = \overline{A}\overline{B} + \overline{\overline{B} + \overline{C} + \overline{A}}$$
$$= \overline{A}\overline{B} + ABC$$

(3) 进行计算,并列出函数的真值表,如表 1.6.2 所示。

表 1.6.2 例 1.6.2 的真值表

A	B	C	Y
0	0	0	1
0	0	1	1
0	1	0	0
0	1	1	0
1	0	0	0
1	0	1	0
1	1	0	0
1	1	1	1

实验1 数字电路实验箱的使用

1. 实验目的
(1) 了解 THD-1 型数字电路实验箱的结构与功能。
(2) 掌握 THD-1 型数字电路实验箱的使用方法。

2. 实验仪器及元器件
THD-1 型数字电路实验箱1台。

3. 实验原理
THD-1 型数字电路实验箱的结构与功能如下所述。

本次实验任务全部在数字电路实验箱上完成,为了保证圆满完成实验任务,同学们必须掌握实验箱的结构与正确的使用方法。以下先介绍 THD-1 型数字电路实验箱的结构与功能。

THD-1 型数字电路实验箱的结构如实验图 1.1.1 所示,大致划分为三大区域,实验箱下部主要是电源、信号源区域,用于产生直流电和实验所需的各种数字信号;上部主要是电源开关和输出显示区域,为实验箱的电源总开关和实验结果的输出显示;占最大面积的中部主要是各种规格的集成电路和其他元器件插座,是实验区域,所有实验电路均在这部分区域搭建。

开关 电源开关	四位七段数码显示器		十五位逻辑电平显示	
18脚IC插座	16脚IC插座	14脚IC插座	16脚IC插座	14脚IC插座
18脚IC插座	16脚IC插座	4位编码开关	元器件插座、开关区域	
20脚IC插座	电容、石英晶体插座			
	16脚IC插座	14脚IC插座	16脚IC插座	24脚IC插座
40脚IC插座	28脚IC插座	14脚IC插座	8脚IC插座	8脚IC插座
		电位器1	电位器2	十五位逻辑电平输出 (逻辑开关及指示灯)
连续脉冲源	单次脉冲源	逻辑笔	短路报警	直流稳压电源	报警指示	继电器

实验图 1.1.1 THD-1 型数字电路实验箱结构示意图

以下就对几个常用部分的功能进行说明。

(1) 电源开关：实验箱电源总开关，通过它控制实验箱 220V 交流电源的通断。

(2) 十五位逻辑电平显示：该单元位于实验箱的右上部，由 15 个红色 LED 以及对应的输入插孔、显示驱动电路组成，其功能为指示输入信号的逻辑电平。当某一插孔的输入信号为高电平时，其对应的红色 LED 发光。

(3) 四位七段字形显示器：THD-1 型数字电路实验箱设有 4 个七段字形显示器，位于电源开关的右侧，实验箱正上方，每个七段数码管前均安装了一个 16 脚双列直插集成电路插座，用于安装 8421 BCD 码七段数码显示译码驱动器 CD4511。当安装上 CD4511 之后，在其对应的 A、B、C、D 端输入 8421 BCD 码，即可在七段数码管上显示出对应的数字。

(4) 十五位逻辑电平输出：THD-1 型数字电路实验箱设置了 15 个独立的逻辑开关 1~15，该单元位于实验箱右下部，直流稳压电源上方，由 15 个钮子开关和对应的输出插孔、指示 LED 组成。当钮子开关拨到上位时，对应的插孔输出高电平，红色 LED 发光。当钮子开关拨到下位时，对应的插孔输出低电平，红色 LED 不发光。可以通过钮子开关的组合得到不同的数字信号输出。

(5) 连续脉冲源：连续脉冲源位于实验箱的左下角，由频段选择开关和频率调节电位器共同控制，当频段选择开关选择了合适的频段后，转动频率调节电位器旋钮可连续调节输出脉冲信号的频率。脉冲信号由标有 ⊓⊔ 的蓝色插口输出，并有红色 LED 指示。

(6) 单次脉冲源：该单元设有一个按钮和红、绿两个输出口，以及相应的 LED 指示。红色端口的常态输出为 0，绿色端口的常态输出为 1，当白色按钮按下后，红色端口输出 1(正脉冲)，绿色端口输出 0(负脉冲)。该单元设有消颤电路，可保证输出脉冲不产生颤动，特别适合时序电路信号的手动输入。

(7) 4 位编码开关：编码开关位于实验箱的中部，由四位数字、对应的 +、- 按钮和输出插孔组成，当按动 +、- 按钮时，对应的数字发生变化，同时在其对应的四个一组的输出插孔中输出 8421 BCD 码。

(8) 逻辑笔：该单元是一个简便、易用的逻辑电平检测电路，当其蓝色输入插口上的输入信号电平分别为高、低电平时，其红、绿 LED 分别发光显示，当输入为高阻态时，其中的黄色 LED 发光显示。

(9) 直流稳压电源：实验箱提供 ±5V 和 ±15V 两组直流电源，分别由独立的电源开关控制，用于向实验电路提供实验所需的直流电源。

(10) 实验区：实验箱中部最大的区域是实验区，其上分布着 17 个从 8 脚到 40 脚不同规格的双列直插式集成电路插座，各引脚通过接线柱引出并标明编号，同时该区域还设有晶体管、电阻、电容等元器件插座，两个阻值分别为 10kΩ 和 100kΩ 的备用电位器、继电器等。

另外，本实验箱还设有 +5V 短路报警和声光报警单元，有较好的安全性。

4. 实验内容及步骤

(1) 打开电源开关，接通实验箱电源，观察电源指示灯是否发光。如电源指示灯未发光，则检查实验箱电源线是否插好，220V 交流电插座是否有电，在检查过程中一定要注意安全。

(2) 在十五位逻辑电平输出区任选 3 个逻辑开关(如 2、8、12)，用导线将它们与十五位逻辑电平显示区域的逻辑指示灯相连接,分别将钮子开关拨到 0 或 1 位,观察逻辑输出指示灯的变化,并把观察结果填入实验表 1.1.1 中。

实验表 1.1.1 记录表

控制端	2		8		12		连续脉冲		单次脉冲不按		单次脉冲按下	
	1	0	1	0	1	0	kHz	Hz	红输出	绿输出	红输出	绿输出
指示灯												

(3) 用导线将连续脉冲源的输出与十五位逻辑电平显示区域的某个逻辑指示灯相连,调节连续脉冲源的频段开关和频率调节电位器,改变输出脉冲频率,观察指示灯的变化,并把实验结果填入实验表 1.1.1 中。

(4) 用导线分别将单次脉冲源的红色与绿色输出插孔分别和两个逻辑电平显示 LED 相连接,然后按下单次脉冲按钮,观察按钮按下前后指示灯的变化,并把实验结果填入实验表 1.1.1 中。

(5) 先将十五位逻辑电平显示区域内的两个红色插孔 +5V 和 +5V 用导线连接。然后任意选择一个编码开关,用导线将其输出的 A、B、C、D 四个插孔与第四个数码显示管的输入插孔 A、B、C、D 对应连接,按动编码开关上的 +、- 按钮,观察七段数码显示器的显示变化。并记入实验表 1.1.2 中。

实验表 1.1.2 记录表

编码开关数字	0	1	2	3	4	5	6	7	8	9
数码管显示数字										

5. 实验报告要求

(1) 如实记录本次实验所得各种数据。

(2) 实验表 1.1.1 中,当输入频率分别为 kHz 和 Hz 的连续脉冲时,试解释观察到的现象。

小 结

(1) 逻辑电路研究的是逻辑事件。逻辑事件具有的共性是:有且仅有两个相互对立的状态,它们取值只有 0 和 1 两种,它们代表的是逻辑状态,而不是数量大小。

(2) 逻辑代数有三种基本逻辑关系(与、或、非)和五种复合逻辑关系(与非、或非、与或非、同或、异或),对应的逻辑符号和运算规律。

(3) 逻辑代数的基本公式和基本定理。

(4) 逻辑函数五种表示方式(真值表、逻辑表达式、卡诺图、逻辑图、波形图),五种表示方式之间的相互转换。

(5) 逻辑函数的化简方法有公式法和卡诺图法两种。

习 题

一、选择题

1. 在逻辑代数中,1+1 的结果是(　　)。
   A. 0　　　　　　　B. 1　　　　　　　C. 2　　　　　　　D. 3
2. 在逻辑代数中,0·1 的结果是(　　)。
   A. 0　　　　　　　B. 1　　　　　　　C. 2　　　　　　　D. 10
3. (　　)是指只有决定一件事情的条件全部具备之后,这件事情才会发生。
   A. 逻辑门　　　　　B. 逻辑与　　　　　C. 逻辑或　　　　　D. 逻辑非
4. 八进制的基数是(　　)。
   A. 2　　　　　　　B. 4　　　　　　　C. 6　　　　　　　D. 8
5. 下列(　　)式子是与或非的表达式。
   A. $Y=\overline{AB}$　　B. $Y=\overline{A+B}$　　C. $Y=\overline{AB}+AB$　　D. $Y=\overline{AB+CD}$
6. 同或门的逻辑功能是(　　)。
   A. 相异为 0,相同为 1　　　　　　　　B. 相异为 1,相同为 0
   C. 全 0 为 0,全 1 为 1　　　　　　　　D. 全 0 为 1,全 1 为 0
7. 逻辑代数中 0 和 1 的描述正确的是(　　)。
   A. 0 比 1 大　　　　　　　　　　　　B. 1 比 0 大
   C. 1 和 0 一样大小相同　　　　　　　D. 1 和 0 没有大小之分
8. 逻辑代数是一种描述客观事物逻辑关系的数学方法,又称(　　)代数。
   A. 高斯　　　　　　B. 威廉　　　　　　C. 卡诺　　　　　　D. 布尔
9. 下列(　　)不属于逻辑代数的三种基本运算。
   A. 与运算　　　　　B. 非运算　　　　　C. 或运算　　　　　D. 对偶
10. 数字电路的信息采用(　　)代码进行存储、处理和传输。
    A. 二进制　　　　　B. 八进制　　　　　C. 十进制　　　　　D. 十六进制
11. 常见的二-十进制代码,是用(　　)位二进制数码表示十进制数的。
    A. 2　　　　　　　B. 4　　　　　　　C. 8　　　　　　　D. 16
12. 用 BC 代替 $\overline{A}+B$ 中的 B,可得到(　　)。
    A. $\overline{A}+\overline{B}+\overline{C}$　　　　　　　　　B. $(A+B)(\overline{A}+C)(B+C)$
    C. $(A+B)(\overline{A}+C)$　　　　　　　D. $AB+\overline{A}C$
13. 将输入逻辑变量的各种可能取值和相应的函数值排列在一起组成的表格叫作(　　)。
    A. 卡诺图　　　　　B. 函数图　　　　　C. 真值表　　　　　D. 函数表
14. 常用的逻辑函数化简方法有公式法和(　　)法。
    A. 真值表　　　　　B. 时序图　　　　　C. 波形图　　　　　D. 卡诺图
15. N 个变量共有(　　)个最小项。
    A. N　　　　　　B. $N+1$　　　　　C. N^2　　　　　D. 2^N
16. 在逻辑电路中,下列描述关于最小项正确的是(　　)。
    A. 最小项是相加项　　　　　　　　　B. 最小项是乘积项

C. 最小项是或非项　　　　　　D. 最小项是与或非项

17. 在卡诺图中,无关项应该看作(　　)。

A. 0　　　　　B. 1　　　　　C. 看需要

二、判断题

(　)1. 模拟信号是连续的,可以是在一定范围内的任意值。

(　)2. 二进制在计算机电路中得到广泛的应用。

(　)3. 十六进制包含 0、1、2、3、4、5、6、7、8、9、10、11、12、13、14、15 一共 16 个数。

(　)4. 模拟信号只有 0 和 1 两个数值。

(　)5. 逻辑代数是一种描述客观事物逻辑关系的数学方法。

(　)6. 应用广泛的异或、同或运算,互为反运算。

(　)7. 二进制中包含 0、1、2 等数值。

(　)8. 逻辑代数与普通代数不同,有变量没有常量。

(　)9. 先与后或再取反即得与或非运算。

(　)10. 十进制是日常生活和工作中使用广泛的进位计数制。

(　)11. 或运算的结果再求反即得或非运算。

(　)12. 由真值表写出逻辑表达式时,取值为 0 的用原变量表示,取值为 1 的用反变量表示。

(　)13. 与运算的结果再求反即得与非运算。

(　)14. 最简与或表达式一般要求与项(乘积项)的个数最少,每个与项中的变量最少。

(　)15. 由逻辑表达式得出对应真值表时,真值表应按自然二进制递增顺序排列。

(　)16. 在异或运算中,当两个变量取值相同时,逻辑函数值为 0;当两个变量取值不同时,逻辑函数值为 1。

(　)17. 在同或运算中,当两个变量取值相同时,逻辑函数值为 0;当两个变量取值不同时,逻辑函数值为 1。

(　)18. 在全部输入是 0 的情况下,函数运算 $Y=\overline{A+B}$ 的结果是逻辑 0。

(　)19. 卡诺图是按一定规则画出来的方框图,是逻辑函数的图解化简法,但它不是表示逻辑函数的一种方法。

(　)20. 在卡诺图中,中心轴对称的左右两边和上下两边的小方块也具有相邻性。

三、综合题

1. 用真值表证明下列等式。

(1) $A(A+B)=A$

(2) $A(\overline{A}+B)=AB$

(3) $A\oplus B\oplus C=A\cdot B\cdot C$

2. 用公式和定理证明下列函数。

(1) $AB\overline{C}+A\overline{B}C+ABC=AB+AC$

(2) $(A+B)(A+B+C+D+E+F)=A+B$

(3) $AB(C+D)+D+\overline{D}(A+B)(\overline{B}+\overline{C})=A+B\overline{C}+D$

(4) $\overline{A\oplus B}=A\oplus \overline{B}=\overline{A}\oplus B=AB+\overline{A}\overline{B}$

(5) $AB\bar{D}+A\bar{B}\bar{D}+ABC=A\bar{D}+ABC$

(6) $\overline{A\bar{B}+\bar{A}C+BC}=\overline{ABC}+ABC$

(7) $A+AB\bar{C}+\bar{A}CD+(\bar{C}+\bar{D})E=A+CD+E$

3. 用公式化简法将下列函数化简成为最简与或式。

(1) $Y=\bar{A}\bar{B}C+\bar{A}BC+ABC+AB\bar{C}$

(2) $Y=A+\bar{A}BCD+A\bar{B}\bar{C}+BC+\bar{B}C$

(3) $Y=\bar{A}\bar{B}C+AC+B+C$

(4) $Y=(A+\bar{A}C)(A+CD+D)$

(5) $Y=A\bar{B}+B\bar{C}+A\overline{\bar{B}\bar{C}}+\bar{A}BC$

(6) $Y=AB+ABD+\bar{A}C+BCD$

(7) $Y=\bar{A}B+(A\bar{B}+\bar{A}B+AB)D$

(8) $Y=ABCDE+A\bar{B}CE+BC\bar{D}E+DE$

(9) $Y=AD+AB+\bar{A}C+A\bar{D}+BD+A\bar{B}EF+\bar{B}EF$

(10) $Y=AC+A\bar{C}D+A\bar{B}EFD+B\overline{(B\oplus E)}+BD\bar{E}+\bar{B}\bar{D}E+BE$

(11) $Y=\overline{\overline{ABC+\bar{A}\bar{B}}+BC}$

(12) $Y=\overline{A\bar{B}+ABC+A(B+A\bar{B})}$

(13) $Y=\overline{ABC+BD(\bar{A}+C)+(B+D)AC}$

4. 将下列函数展开为最小项表达式。

(1) $Y=AB+AC$

(2) $Y=\bar{A}(B+\bar{C})$

(3) $Y=AD+BC\bar{D}+\bar{A}BC$

(4) $Y=\overline{A\bar{B}}+ABD(B+\bar{C}D)$

(5) $Y=\overline{\bar{A}B}+B\bar{C}+\overline{A\bar{B}C}+\bar{A}B\bar{C}$

5. 用卡诺图化简法化简下列函数,并写成最简与非表达式。

(1) $Y=\sum m(0,2,4,6)$

(2) $Y=\sum m(0,1,2,4,5,6)$

(3) $Y=\sum m(0,2,3,4,5,6,8,14)$

(4) $Y=\sum m(0,2,6,8,10,14)$

(5) $Y=\sum m(1,2,3,4,5,6)$

(6) $Y=\sum m(3,4,5,7,9,13,14,15)$

(7) $Y=\sum m(0,1,2,3,4,6,8,10,12,13,14,15)$

(8) $Y=\sum m(0,1,4,5,6,8,9,10,11,12,13,14,15)$

(9) $Y=\sum m(0,2,3,5,7,8,10,11,13,15)$

(10) $Y = \sum m(2,6,7,8,9,10,11,13,14,15)$

(11) $Y = \sum m(0,1,2,3,4,5,8,10,11,12)$

6. 用卡诺图化简法化简下列具有无关项的逻辑函数。

(1) $Y = \sum m(0,1,3,5,8) + \sum d(10,11,12,13,14,15)$

(2) $Y = \sum m(0,1,2,3,4,7,8,9) + \sum d(10,11,12,13,14,15)$

(3) $Y = \sum m(2,3,4,7,12,13,14) + \sum d(5,6,8,9,10,11)$

(4) $Y = \sum m(3,5,6,7) + \sum d(2,4)$

(5) $Y = \sum m(0,2,7,8,13,15) + \sum d(1,5,6,9,10,11,12)$

(6) $Y = \sum m(0,4,6,8,13) + \sum d(1,2,3,9,10,11)$

(7) $Y = \sum m(0,1,8,10) + \sum d(2,3,4,5,11)$

(8) $Y = \sum m(0,2,6,8,10,14) + \sum d(5,7,13,15)$

7. 试写出如习题图 1.3.1 所示电路的逻辑表达式。

8. 试写出如习题图 1.3.2 所示电路的逻辑表达式。

9. 试写出如习题图 1.3.3 所示电路的逻辑表达式。

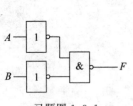
习题图 1.3.1

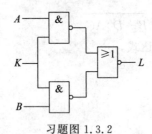
习题图 1.3.2

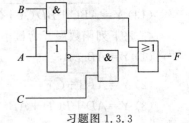
习题图 1.3.3

10. 已知 $Y = AB$,输入端 A、B 的波形如习题图 1.3.4 所示,画出对应输出 Y 的波形图。

11. 已知 $Y = A + B$,输入端 A、B 的波形如习题图 1.3.5 所示,画出对应输出 Y 的波形图。

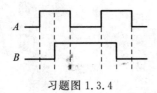
习题图 1.3.4

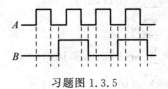
习题图 1.3.5

逻辑门电路

内容要点

本章介绍二极管、门电路和三极管的开关特性及反相器、TTL 与非门、集电极开路 OC 门、常用 TTL 集成电路、CMOS 反相器、CMOS 与非门、CMOS 漏极开路门、常用 CMOS 集成电路等内容，重点介绍 TTL 集成门电路和 CMOS 集成门电路的逻辑功能和应用。

2.1 分立元件门电路

逻辑门电路是指能完成一些逻辑功能的电子电路，简称门电路。常用的门电路在逻辑功能上有与门、或门、非门（反相器）、与非门、或非门、异或门、与或非门等，它们是组成各种数字电路的基本单元。

按照电路结构组成的不同，分为分立元件门电路和集成门电路。

分立元件门电路是由单个半导体器件连接而成。

集成门电路的全部元器件和连线均制作在同一个硅片上，所以它体积小、功耗低、工作速度高、抗干扰能力强、使用灵活方便，已得到极为广泛的应用。

集成门电路按照组成元件类型的不同，分为双极型晶体管集成电路和 MOS 集成电路。双极型晶体管集成电路主要有晶体管-晶体管逻辑 TTL 门电路、射极耦合逻辑 ECL 门电路和集成注入逻辑 I^2L 门电路等几种类型。MOS 集成电路采用金属-氧化物-半导体场效应管，它又可分为 NMOS、PMOS 和 CMOS 等。所谓的 CMOS 门电路，是指 N 沟道和 P 沟道 MOS 管组成的互补电路。

门电路的性能包含逻辑特性和电气特性两个方面，逻辑特性反映它的逻辑功能，电气特性反映电路输入和输出的电压、电流关系。

2.1.1 二极管的开关特性和二极管门电路

与模拟电路不同，在数字电路中，二极管、三极管和 MOS 管是工作在开关状态的，在饱和区和截止区，相当于开关的"接通"和"断开"两种状态。

1. 二极管的开关特性

1) 开关二极管的等效模型

二极管和限流电阻组成的电路如图 2.1.1(a)所示,硅二极管的伏安特性曲线如图 2.1.1(b)所示。当输入电压 $u_i \geqslant 0.7V$ 时,二极管导通,且 $u_D = 0.7V$;当输入电压 $u_i < 0.5V$ 时,管子截止。

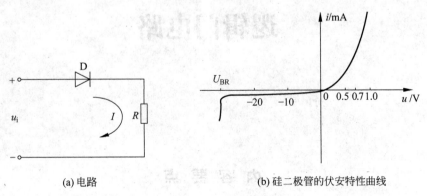

(a) 电路　　　　　　　　(b) 硅二极管的伏安特性曲线

图 2.1.1　电路和硅二极管的伏安特性曲线

2) 二极管的动态特性

工作在开关状态的二极管除了有导通和截止两种稳定状态外,更多地是在导通和截止之间转换。当输入电压波形如图 2.1.2(a)所示时,理想开关的输出电流波形如图 2.1.2(b)所示。由于二极管从导通到截止需要时间,实际的输出电流波形如图 2.1.2(c)所示。由图 2.1.2(c)可见,二极管由导通到截止时,开始在二极管内产生了很大的反向电流 i_2,经过 t_{re} 后,输出电流才接近正常反向电流 i_s,二极管才进入截止状态。t_{re} 是二极管从导通到截止所需时间,称为反向恢复时间。反向恢复时间对二极管开关的动态特性有很大的影响。若二极管两端输入电压的频率过高,以致输入负电压的持续时间小于它的反向恢复时间时,二极管将失去其单向导电性。当然,二极管从截止到导通也是需要时间的,这段时间称为开通时间,这段时间较短,一般可以忽略不计。

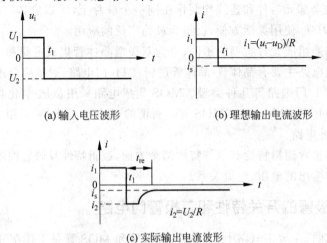

(a) 输入电压波形　　　　　　　　(b) 理想输出电流波形

(c) 实际输出电流波形

图 2.1.2　二极管开关的动态过程

2. 二极管与门电路

用电路实现逻辑关系时,通常是用输入端和输出端对地的高、低电平来表示逻辑状态。电路的输入变量和输出变量之间满足与逻辑关系时称为与门电路,简称与门。

1) 电路组成及逻辑符号

图 2.1.3(a)是由二极管组成的与门电路,图 2.1.3(b)是其逻辑符号,A、B 是输入变量,Y 是输出变量,V_{CC} 是正电源 10V。

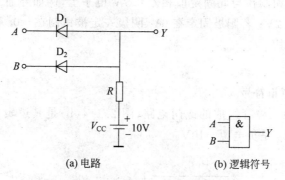

(a) 电路 (b) 逻辑符号

图 2.1.3 二极管与门电路及逻辑符号

2) 工作原理

二极管正向导通电压约为 0.7V。

(1) 当 $u_A = u_B = 0V$ 时,二极管 D_1 和 D_2 都处于正向导通状态。因为 $u_{D_1} = u_{D_2} = 0.7V$,所以有

$$u_Y = u_A + u_{D_1} = u_B + u_{D_2} = 0 + 0.7 = 0.7(V)$$

(2) 当 $u_A = 0V, u_B = 5V$ 或 $u_A = 5V, u_B = 0V$ 时,则二极管 D_1 和 D_2 中只有一个导通。例如 $u_A = 0V, u_B = 5V$,则 D_1 导通,此时有

$$u_Y = u_A + u_{D_1} = 0 + 0.7 = 0.7(V)$$

而二极管 D_2 两端电压为

$$u_{D_2} = u_Y - u_B = 0.7 - 5 = -4.3(V)$$

故其两端外加反向电压,D_2 处于截止状态。

同理可以证明,当 $u_A = 5V, u_B = 0V$ 时,D_1 截止,D_2 导通,此时有

$$u_Y = u_B + u_{D_2} = 0 + 0.7 = 0.7(V)$$

(3) 当 $u_A = u_B = 5V$ 时,二极管 D_1 和 D_2 都处于正向导通状态,此时有

$$u_Y = u_A + u_{D_1} = u_B + u_{D_2} = 5 + 0.7 = 5.7(V)$$

假设用 0 表示低电平,用 1 表示高电平,则上面输入和输出的电平关系可以表示成两变量的逻辑真值表,如表 2.1.1 所示。可见,变量 Y 和变量 A、B 之间是与逻辑关系。所以,把这个二极管电路称为与门,它的输出变量 Y 的逻辑表达式为

$$Y = A \cdot B$$

表 2.1.1 与门真值表

A	B	Y
0	0	0
0	1	0

续表

A	B	Y
1	0	0
1	1	1

在上面电路的分析中,只要二极管处于导通状态,且一个电极的电位是固定值,则另一个电极的电位一定被钳制在与此固定值相差 0.7V 电平上,例如导通二极管阴极是 0V,则阳极一定被钳制在 0.7V;若阳极固定在 0V,阴极一定被钳制在 −0.7V。我们将这种现象称为二极管的钳位作用。

3. 二极管或门

1) 电路组成及逻辑符号

图 2.1.4(a)是由二极管组成的或门电路,图 2.1.4(b)是其逻辑符号,A、B 是输入变量,Y 是输出变量,V_{EE} 是负电源 −10V。

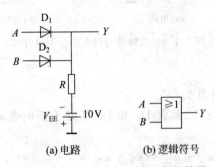

(a) 电路　　　　(b) 逻辑符号

图 2.1.4　二极管或门电路及逻辑符号

2) 工作原理

由图 2.1.4(a)电路可知,A、B 端分别输入不同的电压,根据电路分析,对应 Y 输出不同的电压,填入表格,如表 2.1.2 所示。

表 2.1.2　电路输入和输出电压对应表　　　　　　　　　　单位:V

A	B	Y
0	0	−0.7
0	5	4.3
5	0	4.3
5	5	4.3

3) 真值表及逻辑表达式

将表 2.1.2 中高、低电压按照正逻辑赋值对应的高、低电平填入表 2.1.3,得到电路的逻辑真值表如表 2.1.3 所示。从表中可见,输入变量只要一个或一个以上是高电平,输出变量就是高电平;所有输入全是低电平时,输出才是低电压。不难看出,输出变量 Y 和输入变量 A、B 之间是或逻辑关系,故把这个二极管电路称为或门。其输出变量 Y 逻辑表达式为

$$Y = A + B$$

表 2.1.3 或门真值表

A	B	Y
0	0	0
0	1	1
1	0	1
1	1	1

2.1.2 三极管的开关特性和三极管反相器

1. 三极管的开关特性

三极管具有截止、放大和饱和 3 种工作状态,在数字电路中主要用到了截止和饱和状态,其作用相当于开关的"断开"和"闭合"。共射极 NPN 型三极管电路如图 2.1.5 所示,其输出特性曲线如图 2.1.6 所示。

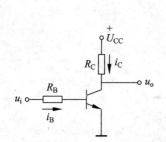

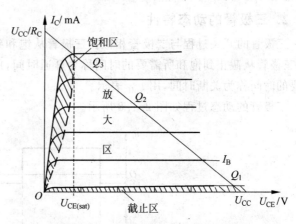

图 2.1.5 NPN 型三极管电路　　　　图 2.1.6 NPN 型三极管输出特性曲线

1) 截止状态

当输入 $u_i<0.7\text{V}$ 电压时,三极管的 u_{BE} 小于开启电压,$i_B=0$,B-E 间截止。对应输出特性曲线,三极管工作在 Q_1 点或 Q_1 点以下位置,$i_C\approx0$,C-E 间也截止。三极管的 B-E 和 C-E 之间都相当于一个断开的开关。三极管的这种工作状态叫截止状态。其等效电路如图 2.1.7(a)所示。输出电压 $u_o=u_{CE}=U_{CC}-i_C R_C=U_{CC}$。

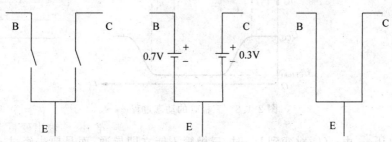

(a) 截止时的等效电路　　(b) 饱和时的近似等效电路　　(c) 饱和时的理想等效电路

图 2.1.7 硅三极管导通和截止的等效电路

2）放大状态

当输入电压 $u_i \geqslant 0.7V$ 时，三极管的 u_{BE} 大于开启电压，B-E 间导通，u_{BE} 被钳在 $0.7V$，i_B 与 i_C 之间存在 $i_C = \beta i_B$ 的关系，其中 β 是三极管的电流放大系数。$u_o = u_{CE} = U_{CC} - i_C R_C$。如果输入 u_i 增加，i_B 和 i_C 相应增加，输出 u_o 和 u_{CE} 随之相应减小。三极管的这种工作状态称为放大状态，此时三极管工作在 Q_2 点附近，处于 Q_1 和 Q_3 之间。

3）饱和状态

随输入电压 u_i 增加，基极电流 i_B 增加，工作点上移，当工作点上移至 Q_3 时，i_C 将不再明显变化，此时三极管 C-E 间的电压称为饱和压降，硅管的饱和压降 $U_{CE(sat)} = 0.3V$，输出 $u_o = u_{CE} = U_{CE(sat)} \approx 0.3V$。三极管的这种工作状态称为饱和状态。其等效电路如图 2.1.7(b) 所示。若忽略 B-E 和 C-E 间电压降，理想的等效电路如图 2.1.7(c) 所示。

在大多数数字电路中，通过合理选择电路参数，可以使三极管只工作在饱和状态和截止状态，放大状态只是一个过渡状态，当然，要做到这一点，对输入电压的变化范围是有限制的，否则可能会使三极管工作在放大区。

2. 三极管的动态特性

三极管的开关过程与二极管相似。三极管从饱和到截止、从截止到饱和都是需要时间的，三极管从截止到饱和所需要的时间称为开通时间，用 t_{on} 表示；三极管从饱和到截止所需要的时间称为关断时间，用 t_{off} 表示。

三极管的动态过程如图 2.1.8 所示。

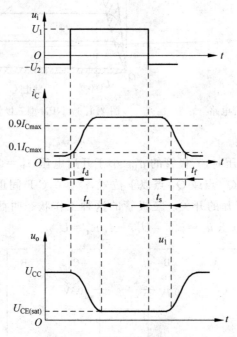

图 2.1.8 三极管的动态过程

当输入电压 u_i 由 $-U_2$ 跳变到 U_1 时，三极管不能立即导通，而是要先经过 t_d 时间，集电极电流 i_C 上升至最大值 I_{Cmax} 的 0.1 倍，再经过 t_r 时间，集电极电流 i_C 上升至最大值 I_{Cmax} 的 0.9 倍，之后集电极电流才接近最大值 I_{Cmax}，三极管进入饱和状态。因此开通时间

$t_{on} = t_d + t_r$。其中，t_d 称为延迟时间；t_r 称为上升时间。

当输入电压 u_i 由 U_1 跳变到 $-U_2$ 时，三极管不能立即截止，而是要先经过时间 t_s，集电极电流 i_C 下降至 0.9 倍的 I_{Cmax}，再经过 t_f 时间，集电极电流 i_C 下降至 0.1 倍的 I_{Cmax}，之后集电极电流才接近 0，三极管进入截止状态。因此关断时间 $t_{off} = t_s + t_f$。其中，t_s 称为存储时间；t_f 称为下降时间。

三极管的开通时间 t_{on} 和关断时间 t_{off} 一般在纳秒(ns)数量级。通常 $t_{off} > t_{on}$，$t_s > t_f$，因此 t_s 的大小是影响三极管速度的最主要因素。

3. 反相器的组成和工作原理

1) 电路组成

图 2.1.9 分别画出了三极管反相器的电路和逻辑符号。A 为输入变量，输入端对地电压用 u_i 表示；Y 为输出变量。输出端对地电压用 u_o 表示；U_{CC} 是正电源电压。因为图中所示电压均指对地(公共参考点)而言，其参考方向一般不再注明。

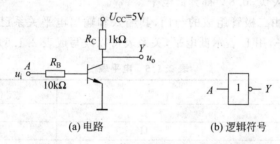

(a) 电路   (b) 逻辑符号

图 2.1.9 三极管反相器电路和逻辑符号

2) 工作原理

假设图 2.1.9(a) 中三极管 $\beta = 30$，饱和时 $U_{BE} = 0.7\text{V}$，$U_{CES} = 0.3\text{V}$；输入电压的高电平 $u_{iH} = 5\text{V}$，低电平为 $u_{iL} = 0.3\text{V}$，下面分两种情况进行分析。

(1) 当 $u_i = u_{iL} = 0.3\text{V}$ 时，由输入电路可知，$U_{BE} = 0.3\text{V}$。因为此值小于三极管发射结导通电压，故管子处于截止状态。因此 $i_B = 0$，$i_C = 0$，此时输出电压为
$$u_o = U_{CC} = 5\text{V}$$

(2) 当 $u_i = u_{iH} = 5\text{V}$ 时，假设三极管已饱和导通，则根据已知条件可以认为 $U_{BE} = 0.7\text{V}$，$U_{CES} = 0.3\text{V}$。由电路可求得：
$$i_B = \frac{u_{iH} - U_{BE}}{R_B} = \frac{5 - 0.7}{10} = 0.43(\text{mA})$$

$$I_{BS} = \frac{U_{CC} - U_{CES}}{\beta R_C} = \frac{5 - 0.3}{30 \times 1} = 0.16(\text{mA})$$

可见：
$$i_B > I_{BS}$$

所以，三极管已饱和导通的假设成立。由输出电路可得：
$$u_o = U_{CES} = 0.3\text{V}$$

由上述结果可以列出电路的逻辑真值表，如表 2.1.4 所示。

表 2.1.4 真值表

A	Y
0	1
1	0

可见,该电路输出变量正好是输入变量的反,所以电路称为反相器。它能实现逻辑非的功能。输出变量 Y 的逻辑表达式为

$$Y = \overline{A}$$

2.1.3 正逻辑和负逻辑

1. 正、负逻辑的概念

在实际数字电路中,通常规定高电平的额定值为 3V,但从 2~5V 都算高电平;低电平的额定值为 0.3V,但从 0~0.8V 都算低电平。

对于图 2.1.3(a)由二极管组成的与门,其输入和输出电平关系已经分析过,为了书写方便,用 H 表示高电平,用 L 表示低电平,关系表可以改写成表 2.1.5 所示。

表 2.1.5 电平表

u_A	u_B	u_Y
L	L	L
L	H	L
H	L	L
H	H	H

假如将 H 赋值为 1,L 赋值为 0,列出输入和输出变量的真值表,如表 2.1.6 所示。不难看出,该表是与门的逻辑关系。

表 2.1.6 真值表

A	B	Y
0	0	0
0	1	0
1	0	0
1	1	1

假如将 H 赋值为 0,L 赋值为 1,列出输入和输出变量的真值表,如表 2.1.7 所示。不难看出,该表是或门的逻辑关系。

表 2.1.7 真值表

A	B	Y
0	0	1
0	1	1
1	0	1
1	1	0

可见，同一个电路采用不同的赋值方法，它所实现的逻辑功能是不同的。为了区别两种赋值下的变量，这里将后一种赋值下的变量加注"－"号。

通常，把 H＝1、L＝0 的赋值方法称为正逻辑赋值，简称正逻辑。由此得到的与门称为正与门；相反，把 H＝0、L＝1 的赋值方法称为负逻辑赋值，简称负逻辑。由此得到的或门称为负或门。

因此，在分析逻辑电路时，一定要清楚是正逻辑还是负逻辑。本书如无特殊说明，一律采用正逻辑。通常说的与门、或门、与非门等都是指正与门、正或门、正与非门等。

2. 正、负逻辑的符号表示法

前面介绍的门电路均属正逻辑门，所以给出的逻辑符号都是正逻辑符号。为了表示负逻辑门，也有专门的负逻辑符号。因为同一个门电路在正、负逻辑情况下，虽然实现的逻辑功能不同，但它们都执行同一个电平表，所以两者是等效的。表 2.1.8 给出了几种常用的正逻辑符号和与之等效负逻辑符号，表 2.1.8 中负逻辑变量均注下标"－"号。

由表 2.1.8 可知，由正逻辑符号转换成等效的负逻辑符号，应遵循以下规则。

表 2.1.8　正逻辑和负逻辑等效逻辑符号

	正逻辑赋值			负逻辑赋值	
名　称	逻辑符号	表达式	名　称	逻辑符号	表达式
正与门		$Y=A \cdot B$	负与门		$Y=A+B$
正或门		$Y=A+B$	负或门		$Y=A \cdot B$
正与非门		$Y=\overline{A \cdot B}$	负与非门		$Y=\overline{A+B}$
正或非门		$Y=\overline{A+B}$	负或非门		$Y=\overline{A \cdot B}$

(1) 将"与"改成"或"，将"或"改成"与"。

(2) 输入端均加小圈。

(3) 原来输出端无小圈的要加小圈，原来有小圈的则去掉小圈。

根据这个正、负逻辑的定义，在一对等效的逻辑门中，对于同一个电平，正逻辑是用 x 表示，负逻辑必然是用 $\bar{x}$ 表示，故可得到：

$$A=\overline{A}_- \quad B=\overline{B}_- \quad C=\overline{C}_-$$

因此，有些书中用 A、B、C、…作正逻辑变量，而用 $\overline{A}_-$、$\overline{B}_-$、$\overline{C}_-$、…作负逻辑变量。

2.2　TTL 集成门电路

2.2.1　TTL 与非门

图 2.2.1(a)是一个 TTL 与非门集成电路原理图。该电路由三部分组成。第一部分是

由多发射极晶体管 V_1 构成的输入与逻辑，第二部分是 V_2 构成的反相放大器，第三部分是由 V_3、V_4、V_5 组成的推拉式输出电路，用以提高输出的负载能力和抗干扰能力。

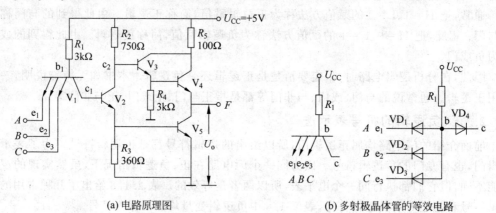

(a) 电路原理图　　　　　　　(b) 多射极晶体管的等效电路

图 2.2.1　TTL 与非门电路

(1) 输入级。由多发射极管 V_1 和电阻 R_1 组成，其作用是对输入变量 A、B、C 实现逻辑与，所以它相当一个与门。

(2) 中间级。由 V_2、R_2、R_3 组成，在 V_2 的集电极与发射极分别可以得到两个相位相反的电压，以满足输出级的需要。

(3) 输出级。由 V_3、V_4、V_5 和 R_4、R_5 组成，这种电路形式称推拉式电路，它不仅输出阻抗低，带负载能力强，而且可以提高工作速度。

该电路的工作原理如下。

多发射极晶体管 V_1 和电阻 R_1 构成输入级，输入级及等效电路如图 2.2.1(b) 所示。设二极管 $V_1 \sim V_4$ 的正向管压降为 0.7V，当输入信号 A、B、C 中有一个或一个以上为低电平 0.3V 时，$U_b=1V$，$U_c=0.3V$；当 A、B、C 全部为高电平 3.6V 时，$U_b=1V$，$U_c=3.6V$。可见，仅当所有输入都为高时，输出才为高，只要有一个输入为低，输出便是低，所以起到了与门的作用，功能是对输入变量 A、B、C 实现"与运算"。

只要输入有一个为低电平 0.3V，V_1 就饱和导通，V_2、V_5 截止，V_3、V_4 导通，输出高电平 +3.6V。

如果输入全为高电平 +3.6V，由于是复合管，具有很大的电流驱动能力，V_1 倒置，使 V_1 的集电极变为发射极，发射极变为集电极，V_2、V_5 导通，V_3、V_4 截止，输出低电平 0.3V。

可见，这是一个与非门，逻辑表达式为 $F=\overline{A \cdot B \cdot C}$。

同样地，也可用类似的结构构成 TTL 与门、或门、或非门、异或门、与或非门等。集成门电路的符号与分立元件门电路完全相同，一般 TTL 集成电路的结构如图 2.2.2 所示。

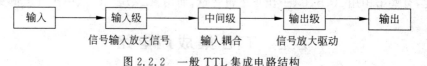

图 2.2.2　一般 TTL 集成电路结构

2.2.2 集电极开路OC门

在TTL门电路的使用中有一个禁忌,普通TTL门电路的输出端不能并联相接,即不能把两个或两个以上门电路的输出端接在一起。因为电路特性不允许,这样做容易损坏器件。

但是,对于图2.2.1所示的TTL与非门电路,如果将其输出管V_3的集电极开路,就变成了"集电极开路"门,也称OC门,如图2.2.3所示。OC门在使用时需外接负载电阻R_L,使开路的集电极与+5V电源接通,它的功能与图2.2.1所示的TTL与非门电路是一样的,都可以完成与非运算。

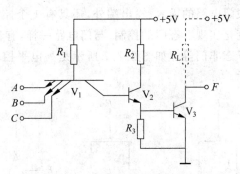

图2.2.3 集电极开路与非门

用同样的方法,可以做成集电极开路与门、或门、或非门等各种OC门。OC门的符号是在普通的符号上加◇或打斜杠。集电极开路与非门的符号如图2.2.4所示。

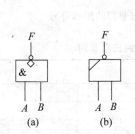

图2.2.4 集电极开路与非门符号

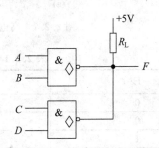

图2.2.5 OC门的线与

OC门与普通TTL门的不同之处是多个OC门的输出可以接在一起,如图2.2.5所示。

当两个OC门的输出都是高电平时,总输出F为高电平;只要有一个OC门的输出是低电平,总输出F就为低电平。这体现了与逻辑关系,因此称为线与,即用线连接成与。图2.2.5所示电路输出与输出关系为

$$F = \overline{AB} \cdot \overline{CD} = \overline{AB + CD}$$

OC门除了具有线与功能外,它还常用于一些专门场合,如数据传输总线、电平转换及对电感性元件的驱动等。如图2.2.6所示是

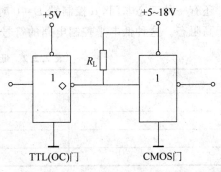

图2.2.6 用OC门实现电平转换

用 OC 门实现电平转换的例子。

2.2.3 三态门

三态门与普通门电路不同。普通门电路的输出只有两种状态：高电平或低电平，即 1 或 0。三态门输出有 3 种状态：高电平、低电平、高阻态，其中高阻态也叫悬浮态。以图 2.2.1 所示的 TTL 与非门为例，如果设法使 V_3、V_4、V_5 都截止，输出端就会呈现出极大的电阻，称这种状态为高阻态。高阻态时，输出端就像 1 根悬空的导线，其电压值可浮动在 0~5V 的任意值上。

三态门除了具有一般门电路的输入、输出端外，还具有 1 个控制端及相应的控制电路，通过控制端逻辑电平的变化实现三态门的控制，与门电路一样，有各种具有不同逻辑功能的三态门，诸如三态与门、三态非门等。如图 2.2.7 所示是高电平控制三态非门的逻辑符号，其真值表如表 2.2.1 所示。

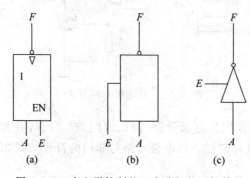

图 2.2.7 高电平控制的三态非门的逻辑符号

表 2.2.1 高电平控制的三态非门

E	A	F
0	0	高阻
0	1	高阻
1	0	1
1	1	0

可见，当控制端 $E=1$ 时，该电路与普通门电路一样工作；当 $E=0$ 时，输出处于高阻态。

还有一种三态非门，其控制端 $E=0$ 时，该电路与普通非门一样工作；当 $E=1$ 时，输出处于高阻态。这种低电平控制电路的符号如图 2.2.8 所示，其真值表如表 2.2.2 所示。

表 2.2.2 低电平控制的三态非门

$\bar{E}$	A	F
1	0	高阻
1	1	高阻
0	0	1
0	1	0

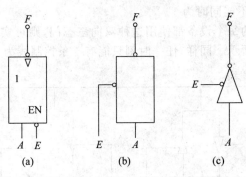

图 2.2.8 低电平控制的三态非门的逻辑符号

另一种常见三态门符号及真值表分别如图 2.2.9 所示和表 2.2.3 所示。

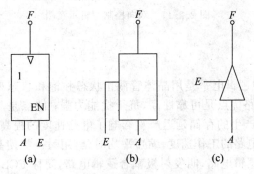

图 2.2.9 高电平控制的三态门的逻辑符号

表 2.2.3 高电平控制的三态门

E	A	F
0	0	高阻
0	1	高阻
1	0	0
1	1	1

当三态门输出端处于高阻态时,该门电路表面上仍与整个电路系统相连,但实际上与整个电路系统是浮空的,如同没把它们接入一样。利用三态门的这种性质可以实现不同设备与总线之间的连接控制。

利用三态门也可以实现双向信息的传输控制,如图 2.2.10 所示,它有两个控制端。

当 $E_{IN} = 1$ 且 $E_{OUT} = 0$ 时,信号由 $B_1 \rightarrow B_2$。

当 $E_{IN} = 0$ 且 $E_{OUT} = 1$ 时,信号由 $B_2 \rightarrow B_1$。

当 $E_{IN} = 0$ 且 $E_{OUT} = 0$ 时,B_2 与 B_1 之间为高阻。

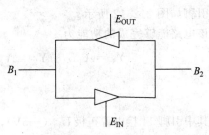

图 2.2.10 双向三态门电路

当然，E_{IN} 与 E_{OUT} 不能同时为 1。

如果让图 2.2.9 中的每个设备都使用这种双向三态门，则可实现总线与设备间的双向信息传送，如图 2.2.11 所示。同样，任一时刻只能有 1 条控制线为 1。

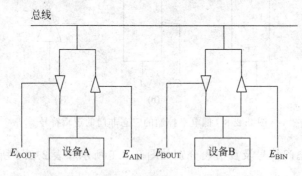

图 2.2.11 双向控制逻辑示意图

2.2.4 ECL 门

TTL 门电路的两种逻辑电平是用晶体管截止状态和饱和状态来表示的。这种类型的逻辑电路优点是可靠性高，抗干扰能力强；缺点是晶体管进入饱和及退出饱和所产生的存储延迟严重影响了电路速度的提高。

集成电路识图方法

为了进一步提高门电路的工作速度，缩短平均时延，用另一类使晶体管器件不进入饱和状态的逻辑电路，叫发射极耦合逻辑电路，简称 ECL 电路。ECL 电路仍属双极型半导体器件。

ECL 门电路中的晶体管只工作在放大态和截止态，根本不进入饱和状态。所以它的突出优点是速度快；缺点是功耗较大，由于晶体管工作在放大态时容易将输入的干扰信号也相应放大，因而电路的抗干扰性能会降低。

2.2.5 TTL 数字集成电路系列

TTL 集成电路系列有：74、74H、74S、74AS、74LS、74ALS、74FAST。

ECL 集成电路系列有：ECL 10K、ECL 100K。

常用 TTL 集成电路如下所述。

1. 74LS00（四 2 输入与非门）

74LS00 为四 2 输入与非门电路，内部有四个独立的 2 输入端与非门电路。芯片内逻辑图及引脚如图 2.2.12 所示。

该电路能够完成的功能为

$$Y_1=\overline{A_1B_1} \quad Y_2=\overline{A_2B_2} \quad Y_3=\overline{A_3B_3} \quad Y_4=\overline{A_4B_4}$$

即

$$Y=\overline{AB}$$

其中引脚 14 接电源正极 U_{CC}（+5V），引脚 7 接电源负极 GND 即地（0V）。引脚编号顺序是：以芯片缺口向左为参照，下排最左引脚为 1 号，按逆时针方向由小到大排列。一般电源正极 U_{CC} 接缺口上排最左脚，电源地 GND 接缺口下排最右脚。这种引脚排号规律同样适用于其他集成电路。在使用时要特别注意芯片的功能及引脚定义，按照定义进行正确的连接。

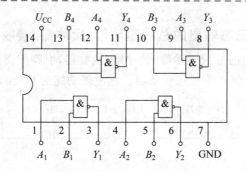

图 2.2.12　74LS00 引脚图

2. 74LS04（六非门）

74LS04 为六非门电路，内部有 6 个独立的非门电路。芯片内逻辑图及引脚如图 2.2.13 所示。其逻辑功能为

$$Y = \overline{A}$$

3. 74LS30（8 输入与非门）

74LS30 为 8 输入与非门电路，芯片内逻辑图及引脚如图 2.2.14 所示。其逻辑功能为

$$Y = \overline{ABCDEFGH}$$

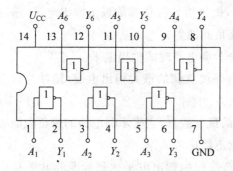
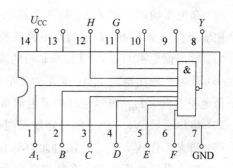

图 2.2.13　74LS04 引脚图　　　　图 2.2.14　74LS30 引脚图

4. 74LS02（四 2 输入或非门）

74LS02 为四 2 输入或非门电路，内部有 4 个独立的 2 输入端或非门电路。芯片内逻辑图及引脚如图 2.2.15 所示。其逻辑功能为

$$Y_1 = \overline{A_1 + B_1} \quad Y_2 = \overline{A_2 + B_2} \quad Y_3 = \overline{A_3 + B_3} \quad Y_4 = \overline{A_4 + B_4}$$

图 2.2.15　74LS02 引脚图

5. 74LS244(8 位三态输出的总线驱动器/缓冲器/接收器)

74LS244 是三态输出的总线驱动器/缓冲器/接收器,引脚如图 2.2.16 所示。它有两个控制端 $\overline{1G}$ 和 $\overline{2G}$,分别控制 4 个三态驱动器。其逻辑功能为 $\overline{G}=0, Y=A, \overline{G}=1, Y$ 高阻。

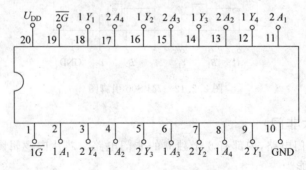

图 2.2.16　74LS244 引脚图

2.2.6　TTL 系列集成电路主要参数

TTL 系列集成电路的主要参数如下。

(1) 输出高电平 U_{OH}:TTL 与非门的一个或几个输入为低电平时的输出电平。

(2) 高电平输出电流 I_{OH}:输出为高电平时,提供给外接负载的最大输出电流,超过此值会使输出高电平下降。I_{OH} 表示电路的拉电流负载能力。

(3) 输出低电平 U_{OL}:TTL 与非门的输入全为高电平时的输出电平。

(4) 低电平输出电流 I_{OL}:输出为低电平时,外接负载的最大输出电流,超过此值会使输出低电平上升。I_{OL} 表示电路的灌电流负载能力。

(5) 扇出系数 N_O:一个门电路能带同类门的最大数目,它表示门电路的带负载能力。

(6) 最大工作频率 f_{max}:超过此频率电路就不能正常工作。

(7) 输入开门电平 U_{ON}:在额定负载下,使与非门的输出电平达到标准低电平 U_{SL} 的输入电平。它表示使与非门开通所需的最大输入电平。

(8) 输入关门电平 U_{OFF}:使与非门的输出电平达到标准高电平 U_{SH} 的输入电平。它表示使与非门关断所需的最大输入电平。

(9) 高电平输入电流 I_{IH}:输入为高电平时的输入电流,即当前级输出为高电平时,本级输入电路造成的前级拉电流。

(10) 低电平输入电流 I_{IL}:输入为低电平时的输出电流,即当前级输出为低电平时,本级输入电路造成的前级灌电流。

(11) 平均传输时间 t_{pd}:信号通过与非门时所需的平均延迟时间。在工作频率较高的数字电路中,信号经过多级传输后造成的时间延迟会影响电路的逻辑功能。

(12) 空载功耗:与非门空载时电源总电流 I_{CC} 与电源电压 U_{CC} 的乘积。

上述参数指标可以在 TTL 集成电路手册里查到。对于功能复杂的 TTL 集成电路,在使用时还要参考手册上提供的波形图(或时序图)、真值表(或功能表),以及引脚信号电平的要求,这样才能正确使用各类 TTL 集成电路。

2.3 CMOS 集成门电路

CMOS 集成电路的许多基本的逻辑单元都是用 P 沟道增强型 MOS 管和 N 沟道增强型 MOS 管按照互补对称形式连接起来构成的,故称为互补型 MOS 集成电路,简称 CMOS 集成电路。CMOS 集成电路具有电压控制、功耗极低、连接方便等优点。

2.3.1 CMOS 反相器

CMOS 反相器的组成如图 2.3.1(a)所示。T_N 是 N 沟道增强型 MOS 管,假设其开启电压为 $U_{TN}=2V$;T_P 是 P 沟道增强型 MOS 管,假设其开启电压为 $U_{TP}=-2V$,两者连成互补对称结构。它们的栅极连接起来作为信号输入端,漏极连接起来作为信号输出端,T_N 的源极接地,T_P 的源极接电源 U_{DD}。T_P、T_N 特性对称,$U_{TN}=|U_{TP}|$,如果 $U_{TN}=2V$,则 $U_{TP}=-2V$。一般情况下都要求电源电压 $U_{TN}=|U_{TP}|$。在实际应用中,U_{DD} 通常取 5V,以便与 TTL 电路兼容。

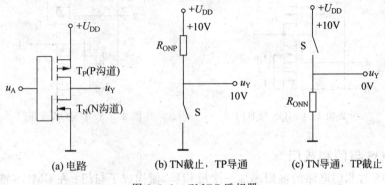

图 2.3.1 CMOS 反相器

图 2.3.1(a)所示电路的工作原理如下。

(1) 当 $u_A=0V$ 时,$u_{GND}=0V<U_{TN}$,T_N 截止;$u_{GSP}=u_A-U_{DD}=0-10=-10(V)<U_{TP}$,$T_P$ 导通。简化等效电路如图 2.3.1(b)所示,输出电压 $u_Y=U_{DD}=10V$。

(2) 当 $u_A=10V$ 时,$u_{GND}=10V>U_{TN}$,T_N 导通;$u_{GSP}=u_A-U_{DD}=10-10=0(V)>U_{TP}$,$T_P$ 截止。简化等效电路如图 2.3.1(c)所示,输出电压 $u_Y=0V$。

综上所述,当 u_A 为低电平时,u_Y 为高电平,当 u_A 为高电平时,u_Y 为低电平,可见电路实现了非逻辑运算,若用 A、Y 分别表示 u_A、u_Y,则可得

$$Y=\overline{A}$$

2.3.2 CMOS 与非门、或非门、与门、或门、与或非门和异或门

1. CMOS 与非门

图 2.3.2 所示为 CMOS 与非门电路。两个 N 沟道增强型 MOS 管 T_{N1} 和 T_{N2} 串联,两个 P 沟道增强型 MOS 管 T_{P1} 和 T_{P2} 并联。T_{P1} 和 T_{N1} 的栅极连接起来作为输入端 A,T_{P2} 和 T_{N2} 的栅极连接起来作为输入端 B。电路的工作原理如下。

若 A、B 当中有一个或全为低电平时,T_{N1}、T_{N2} 中有一个或全部截止,T_{P1}、T_{P2} 中有一

个或全部导通,输出 Y 为高电平。只有当输入 A、B 全为高电平时,T_{N1} 和 T_{N2} 才会都导通,T_{P1} 和 T_{P2} 才会都截止,输出 Y 才会为低电平。可见电路实现了与非逻辑功能,即

$$Y = \overline{A \cdot B}$$

2. CMOS 或非门

图 2.3.3 所示为 CMOS 或非门电路。T_{N1} 和 T_{N2} 是 N 沟道增强型 MOS 管,两者并联,T_{P1} 和 T_{P2} 是 P 沟道增强型 MOS 管,两者串联。T_{P1} 和 T_{N1} 的栅极连接起来作为输入端 A,T_{P2} 和 T_{N2} 的栅极连接起来作为输入端 B。电路的工作原理如下。

只要输入 A、B 中有一个或全为高电平,T_{P1}、T_{P2} 中有一个或全部截止,T_{N1}、T_{N2} 中有一个或全部导通,则输出 Y 为低电平。只有当 A、B 输入全为低电平时,T_{P1} 和 T_{P2} 才会都导通,T_{N1} 和 T_{N2} 才会都截止,输出 Y 才会为高电平。可见电路实现了或非逻辑功能,即

$$Y = \overline{A + B}$$

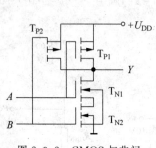
图 2.3.2 CMOS 与非门

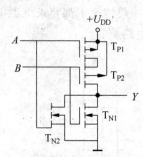
图 2.3.3 CMOS 或非门

3. CMOS 与门和或门

在 CMOS 与非门电路的输出端加一个反相器,便构成了与门;在 CMOS 或非门电路的输出端加一个反相器,便构成了或门。

4. CMOS 与或非门

由 3 个与非门和一个反相器可构成与非门,如图 2.3.4(a)所示。由图可得

$$Y = \overline{\overline{AB} \cdot \overline{CD}} = \overline{AB + CD}$$

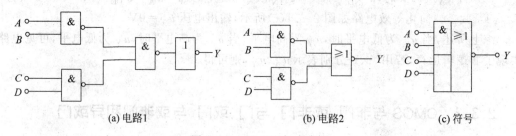

(a) 电路1　　　　　(b) 电路2　　　　　(c) 符号

图 2.3.4 CMOS 与或非门

CMOS 与或非门也可由两个与门和一个或非门构成,如图 2.3.4(b)所示。图 2.3.14(c)所示为与或非门的逻辑符号。

5. CMOS 异或门

CMOS 异或门可由 4 个与非门构成,如图 2.3.5 所示。由图可得

$$Y = \overline{A \cdot \overline{AB}} \cdot \overline{\overline{AB} \cdot B} = A\overline{B} + \overline{A}B = A \oplus B$$

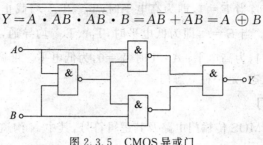

图 2.3.5　CMOS 异或门

2.3.3　CMOS 漏极开路门、三态门和传输门

1. CMOS 漏极开路门

CMOS 漏极开路门与非门（OD 门）的电路如图 2.3.6(a)所示，图 2.3.6(b)所示为其逻辑符号。管子工作时必须外接电源 U_{DD} 和电阻 R_D，电路才能工作，实现 $Y = \overline{AB}$；若不外接电源 U_{DD} 和电阻 R_D，则电路不能工作。

OD 门可以实现线与功能，即可以把几个 OD 门的输出端用导线直接连接起来实现与运算。因为 OD 门输出 MOS 管漏极电源是外接的，其输出高电平可随 U_{DD} 的不同而改变，所以 OD 门也可以用来实现逻辑电平的变换。

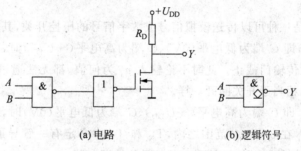

(a) 电路　　　　　　　　　(b) 逻辑符号

图 2.3.6　CMOS 漏极开路门

2. CMOS 三态门

图 2.3.7 所示为 CMOS 三态门的电路图和逻辑符号，其中，A 是信号输入端；$\overline{E}$ 是控制信号端，也叫作使能端；Y 是输出端。

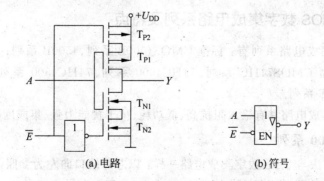

(a) 电路　　　　　　　　　(b) 符号

图 2.3.7　CMOS 三态门

由图 2.3.7(a)可知,当 $\overline{E}=1$,即为高电平时,T_{P2}、T_{N2} 均截止,Y 与地和电源都断开了,输出呈现为高阻态。当 $\overline{E}=0$,即为低电平时,T_{P2}、T_{N2} 均导通,T_{P1}、T_{N1} 构成反相器,故 $Y=\overline{A}$,$A=0$ 时,$Y=1$,为高电平;$A=1$ 时,$Y=0$,为低电平。可见电路的输出有高阻态、高电平和低电平3种状态,是一种三态门。

3. CMOS 传输门

图 2.3.8 所示为 CMOS 传输门电路及其逻辑符号,其中 N 沟道增强型 MOS 管 T_N 的衬底接地,P 沟道增强型 MOS 管 T_P 的衬底接电源 U_{DD},两管的源极和漏极分别连在一起作为传输门的输入端和输出端,在两管的栅极上加上互补的控制信号 C 和 $\overline{C}$。

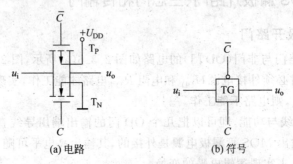

图 2.3.8 CMOS 传输门电路及其逻辑符号

传输门实际上是一种可以传送模拟信号或数字信号的压控开关,其工作原理如下。

当 $C=0$、$\overline{C}=1$,即 C 端为低电平(0V)、$\overline{C}$ 端为高电平($+U_{DD}$)时,T_N 和 T_P 都不具备开启条件而截止,即传输门截止。此时不论输入 u_i 为何值,都无法通过传输门传输到输出端,输入和输出之间相当于开关断开一样。

当 $C=1$、$\overline{C}=0$,即 C 端为高电平($+U_{DD}$)、$\overline{C}$ 端为低电平(0V)时,T_N 和 T_P 都不具备导通条件,此时若 u_i 在 $0 \sim U_{DD}$ 范围之内,T_N 和 T_P 中必定有一管导通,u_i 可通过传输门传输到输出端截止。输入和输出之间相当于开关接通一样,$u_i = u_o$。如果将 T_N 的衬底由接地改为接 $-U_{DD}$,则 u_i 可以是 $-U_{DD}$ 到 $+U_{DD}$ 之间的任意电压。

由于 MOS 管的结构是对称的,即源极和漏极可互换使用,所以 CMOS 传输门具有双向性,即信号可以双向传输,因此 CMOS 传输门又称为双向开关。传输门也可以用作模拟开关,用于传输模拟信号。

2.3.4 CMOS 数字集成电路系列及特点

CMOS 数字集成电路系列有:标准 CMOS4000B 系列、4500B 系列;高速 CMOS40H 系列;新型高速型 CMOS74HC 系列、74HC4000 系列、74HC4500 系列、74HCT 系列、74AC 系列、74ACT 系列。

CMOS 数字集成电路具有输入阻抗高、低功耗、抗干扰能力强、集成度高等优点。

1. CMOS4000 系列

引脚编号的方法与 TTL 数字集成电路一样:以芯片缺口向左为参照,下排最左引脚为1号,按逆时针方向由小到大排列。

1) 4010B(六同相驱动器)

4010B 的逻辑功能及引脚如图 2.3.9 所示。该电路能完成的逻辑功能为

$$Y = A$$

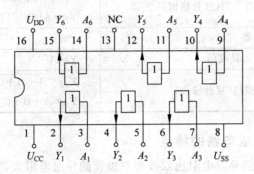

图 2.3.9 4010B 引脚图

2) 4011B(四 2 输入与非门)

4011B 的逻辑功能及引脚如图 2.3.10 所示。该电路能完成的逻辑功能为

$$Y = \overline{A \cdot B}$$

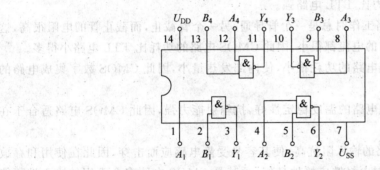

图 2.3.10 4011B 引脚图

常用 4000 系列集成门电路名称及功能如表 2.3.1 所示。

表 2.3.1 常用 4000 系列集成门电路

型 号	名 称	功 能
4000B	两个 3 输入或非门,一个反相器	$Y_1 = \overline{A+B+C}, Y_2 = \overline{D}$
4001B	四 2 输入或非门	$Y = \overline{A+B}$
4002B	二 4 输入或非门	$Y = \overline{A+B+C+D}$
4009B	六反相器(驱动器)	$Y = \overline{A}$
4010B	六缓冲器	$Y = A$
4011B	四 2 输入与非门	$Y = \overline{AB}$
4012B	双 4 输入与非门	$Y = \overline{ABCD}$
4023B	三 3 输入与非门	$Y = \overline{ABC}$
4025B	三 3 输入或非门	$Y = \overline{A+B+C}$

续表

型号	名称	功能
4068B	8输入与非门(互补输出)	$Y_1 = \overline{ABCDEFGH}$ $Y_2 = ABCDEFGH$
4069B	六反相器	$Y = \overline{A}$
4070B	四2输入异或门	$Y = A \oplus B$
4078B	8输入或门(互补输出)	$Y_1 = \overline{A+B+C+D+E+F+G+H}$ $Y_2 = A+B+C+D+E+F+G+H$

2. CMOS 数字集成电路的特点

(1) 由于 CMOS 管的导通电阻比双极型三极管的导通电阻大,所以 CMOS 电路的工作速度比 TTL 电路低。

(2) CMOS 电路的输入阻抗很高,在频率不高的情况下,电路的扇出能力较大,即带负载的能力比 TTL 电路强。

(3) CMOS 电路的电源电压允许范围较大,为 3~18V,使电路输出高、低电平的摆幅大,因此电路的抗干扰能力比 TTL 电路强。

(4) 由于 CMOS 电路工作时总是一个管导通,另一个管截止,而截止管的电阻很高,这就使在任何时候流过电路的电流都很小,因此 CMOS 电路的功耗比 TTL 电路小得多。

(5) CMOS 数字集成电路的功耗很小,使内部发热量小,因此 CMOS 数字集成电路的集成度比 TTL 电路高。

(6) CMOS 数字集成电路的温度稳定性好,抗辐射能力强,因此 CMOS 电路适合于在特殊环境下工作。

(7) 由于 CMOS 电路的输入阻抗高,使其容易受静电感应而击穿,因此在使用和存放时要注意静电屏蔽,焊接时电烙铁应接地良好,尤其是 CMOS 电路多余不用的输入端不能悬空,应根据需要接地或接高电平。

2.3.5 门电路的使用及连接问题

1. TTL 门电路的使用

(1) 多余或暂时不用的输入端不能悬空,可以按照以下方法处理。

① 与其他输入端并联使用。

② 将不用的输入端按照电路功能要求接电源或接地。

(2) 电路的安装应尽量避免干扰信号的侵入,保证电路稳定工作。

① 在每一块插板的电源线上,并接几十 μF 的低频去耦电容和 $0.01 \sim 0.047 \mu F$ 的高频去耦电容,以防止 TTL 电路的动态尖峰电流产生的干扰。

② 整机装置应有良好的接地系统。

2. CMOS 数字集成电路的使用

1) 输入电路的静电保护

CMOS 电路的输入端设置了保护电路,给使用者带来方便。但是,这种保护是有限的。

由于 CMOS 电路的输入阻抗高，极易感应较高的静电电压，从而击穿 MOS 管栅极极薄的绝缘层，造成器件的永久损坏，为避免静电损坏，应注意以下事项。

(1) 所有与 CMOS 电路直接接触的工具、仪表等必须可靠接地。

(2) 存储和运输 CMOS 电路，最好采用金属屏蔽层做包装材料。

2) 多余的输入端不能悬空

输入端悬空极易感应较高的静电电压，造成器件的永久损坏。对多余的输入端，可以按功能要求接电源或接地，或者与其他输入端并联使用。

3. TTL 电路与 CMOS 电路的接口

在数字系统中，当同时用到 TTL 门电路和 CMOS 门电路时，需考虑它们之间的连接问题。当不同的门电路连接时，前级要为后级提供符合要求的高电平、低电平和足够的输入电流，否则需通过接口电路进行转换。一般在同一电路中使用同一工艺的逻辑门可避免电平不兼容的问题。

2.3.6 常用集成门电路

常用集成门电路的引脚如图 2.3.11 所示。

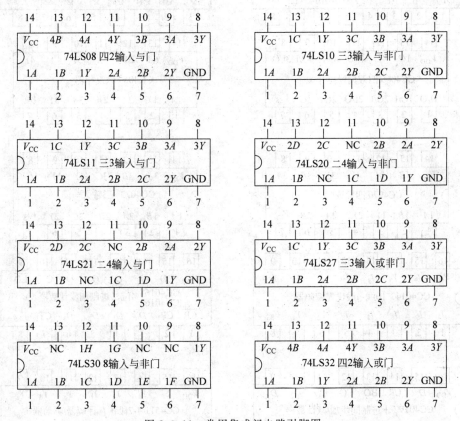

图 2.3.11 常用集成门电路引脚图

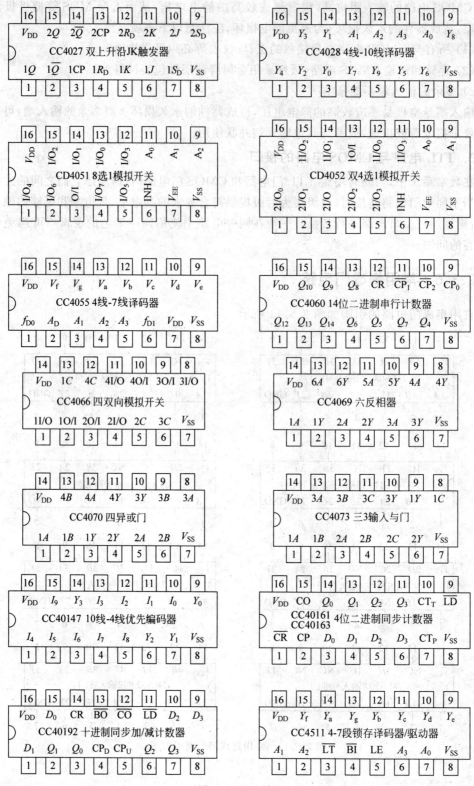

图 2.3.11(续)

实验 2 TTL 集成逻辑门功能测试

1. 实验目的
(1) 了解 74LS00、74LS86 的结构与逻辑功能。
(2) 掌握 TTL 集成逻辑门的逻辑功能测试方法。

2. 实验仪器及元器件
(1) THD-1 数字电路实验箱 1 台。
(2) 74LS00、74LS86 集成电路各 1 块。

3. 实验原理
1) 集成逻辑门结构
74LS00、74LS86 是两种常用的 TTL 集成逻辑门,其结构如实验图 2.2.1 所示。

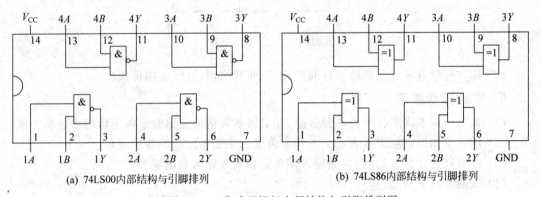

(a) 74LS00内部结构与引脚排列

(b) 74LS86内部结构与引脚排列

实验图 2.2.1 集成逻辑门内部结构与引脚排列图

2) 集成逻辑门逻辑功能
74LS00 是集成 4-2 输入与非门电路,其内部结构如实验图 2.2.1(a)所示,内部由四个完全相同的与非门组成,每一个与非门的逻辑功能均为 $Y=\overline{A \cdot B}$。

74LS86 是集成 4-2 输入异或门电路,其内部结构如实验图 2.2.1(b)所示,内部由四个完全相同的异或门组成,每一个与非门的逻辑功能均为 $Y=A \oplus B$。

4. 实验内容及步骤
1) TTL 与非门
(1) 在集成电路 74LS00 中任选一个与非门,将两个输入引脚分别接逻辑开关(任选两个)。输出接逻辑指示 LED(任选一个)。
(2) 按实验表 2.2.1 的顺序用逻辑开关依次给出输入信号,观察对应输出指示 LED 的变化情况并记录。

2) TTL 异或门
与 TTL 与非门的测试方法相似。首先,在集成电路 74LS86 中任选一个异或门,将两个输入脚分别接两个任选的逻辑开关。输出接任意一个逻辑指示 LED。然后,按实验表 2.2.2 的顺序用逻辑开关依次给出输入信号,观察对应输出指示 LED 的变化情况并记录。

实验表 2.2.1　记录表

输入端		输出端	
A	B	指示灯	Y
0	0		
0	1		
1	0		
1	1		

实验表 2.2.2　记录表

输入端		输出端	
A	B	指示灯	Y
0	0		
0	1		
1	0		
1	1		

5. 应用电路

(1) 按实验图 2.2.2 搭建实验电路。

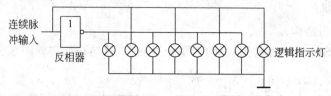

实验图 2.2.2　实验电路

(2) 输入连续方波并观察指示灯的变化,说明其原理、有何应用价值?

6. 实验报告要求

(1) 如实记录本次实验所得各种数据,并根据各表格的输出验证各逻辑门的逻辑关系。
(2) 用所学知识解释实验表 2.2.1 和实验表 2.2.2 输出端的各种现象。
(3) 试解释为什么 TTL 门电路输入端悬空相当于输入高电平?
(4) 试回答以下问题。
① 与非门的多余输入端应该如何处理?
② 如果将与非门的输入端直接连接逻辑指示灯会出现什么现象?为什么?
③ 实验图 2.2.2 中,如果实验箱中没有现成的反相器,用什么方法解决?如果实验箱的连续脉冲源不能正常输出,用什么方法观察实验效果?

小　　结

(1) 门电路是数字电路的基本单元电路,各种复杂的逻辑电路都是由这些基本电路构成的。凡是能完成与、或、非、异或等基本逻辑运算的电路都称为门电路。门电路可由分立元件构成,也可由集成电路构成。

(2) 集成电路主要分 TTL 和 CMOS 两大类。

(3) CMOS 电路是由单极型 MOS 管组成,由于它具有功耗低、集成度高、抗干扰能力强等优点,所以发展迅速;TTL 电路是由双极型晶体管组成,由于它具有工作速度高、带负载能力强、抗干扰性能好等优点,所以一直是数字系统普遍采用的器件之一。

(4) 门电路的性能包括逻辑特性和电气特性。电路的逻辑功能是数字系统的要求,而电气特性是实现逻辑功能的保证。掌握了电气特性才能合理、正确地使用器件。

(5) 常用的 CMOS 门电路有反相器、与非门、或非门、传输门、三态门、异或门等;常用的 TTL 门电路有反相器、与非门、OC 门、或非门、三态门、与或非门、异或门等。

习 题

一、选择题

1. 下列（　　）是负逻辑的表示方式。
   A. 用 1 代表高电平　　　　　　　　B. 用 1 代表开关的断开
   C. 用 1 代表某事件发生　　　　　　D. 用 0 代表灯泡灭的状态
2. 在用集成芯片 74LS00 实现与门的实验中，需要用到（　　）组与非门。
   A. 1　　　　　　B. 2　　　　　　C. 3　　　　　　D. 4
3. 集成芯片 74LS20 的第 11 引脚是（　　）功能。
   A. 输入　　　　　B. 空　　　　　C. 接地　　　　D. 电源
4. 74LS138 的第 16 引脚功能是（　　）。
   A. 电源　　　　　B. 接地　　　　C. 使能端　　　D. 清零端
5. 下列（　　）集成芯片具有 4 输入二与非门的功能。
   A. 74LS00　　　　B. 74LS08　　　C. 74LS20　　　D. 74LS86
6. 最简单的或门可以由二极管和（　　）组成。
   A. LED　　　　　B. 电感　　　　C. 电容　　　　D. 电阻
7. 集成芯片 74LS08 的 14 针脚是（　　）功能。
   A. 输入　　　　　B. 输出　　　　C. 接地　　　　D. 电源
8. 下列（　　）符号是三态与非门。

   A. 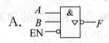　　　　B.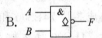

   C. 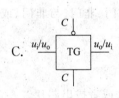　　　　D.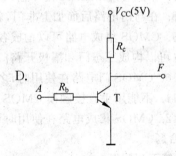

9. TTL 门电路中，接地端常用（　　）表示。
   A. LED　　　　　B. GND　　　　C. U_{CC}　　　D. NC
10. 集成芯片 74LS00 的 7 引脚的功能为（　　）。
    A. 输入　　　　　B. 输出　　　　C. 接地　　　　D. 电源
11. TTL 门电路，电源电压常用（　　）表示。
    A. LED　　　　　B. GND　　　　C. U_{CC}　　　D. NC
12. 在普通门电路基础上附加控制电路构成，除了能够输出高、低电平以外，还能实现一种高阻状态，称为（　　）。
    A. 与非门　　　　B. OC 门　　　　C. CMOS 门　　　D. 三态输出门
13. 在用集成芯片 74LS00 实现或门的实验中，需要用到（　　）组与非门。

A. 1   B. 2   C. 3   D. 4

14. 具有2输入四与门功能的是下列（　　）项。
 A. 74LS00   B. 74LS08   C. 74LS20   D. 74LS86

15. 集成芯片74LS00一共有（　　）个引脚。
 A. 8   B. 12   C. 14   D. 16

16. 具有2输入端四与非门功能的是下列（　　）项。
 A. 74LS00   B. 74LS20   C. 74LS08   D. 74LS86

17. TTL门电路多余的输入端要进行合理的处理，实践表明TTL门电路输入端悬空，相当于（　　）状态。
 A. 接高电平   B. 接低电平   C. 接地   D. 状态不定

18. 下列关于常见的三态与非门的控制端描述正确的是（　　）。
 A. 高电平有效   B. 低电平有效
 C. 高、低电平都有可能有效   D. 没有控制端

二、判断题

（　）1. 逻辑电路一般要根据逻辑图设计，逻辑图越简单则所用门电路越少，同时可靠性越高。

（　）2. 与分立元件电路相比，集成电路具有体积小、可靠性高、速度快的特点。

（　）3. 74LS138可用于高性能的存储译码或要求传输延迟时间短的数据传输系统，封装形式为双列直插18脚。

（　）4. 在数字电路中，正逻辑常用1来代表低电平。

（　）5. 集成芯片74LS20的第7引脚和第14引脚可以连接在一起。

（　）6. 可以将集成芯片74LS00和74LS20进行适当连接实现三人表决器的功能。

（　）7. 集成芯片74LS00是2输入四与非门，不能实现与门的功能。

（　）8. 在与门电路后面加上非门，就构成了与非门电路。

（　）9. CMOS集成电路可以构成各种门电路，如与门、或门、非门、与非门、或非门、异或门等，也可以构成三态门和漏极开路门电路。

（　）10. CMOS门电路在使用时，多余的输入端可以悬空。

（　）11. 不能用手直接触摸CMOS器件的引线端子。

（　）12. CMOS集成电路在使用时可以在通电状态下插入或者拔出芯片。

三、综合题

1. 请回答下列问题。

(1) 什么叫逻辑门电路？

(2) 二极管、三极管用于数字电路中与用于模拟电路有什么不同？

(3) 半导体二极管的开、关条件是什么？导通和截止时各有什么特点？和理想开关比较，它的主要缺点是什么？

(4) 半导体三极管的开、关条件是什么？饱和、导通和截止时各有什么特点？和二极管比较，它的主要优点是什么？

2. 试举例说明分立元件构成的与门、或门、非门的原理？

3. 在如习题图2.3.1所示的电路中，已知二极管u_{D1}、u_{D2}导通压降为0.7V，请回答下列问题。

(1) A 端接 $10V$，B 端接 $0.3V$ 时，输出电压 u_o 为多少？
(2) A、B 端都接 $10V$ 时，输出电压 u_o 为多少？
(3) A 端接 $10V$，B 端悬空，用万用表测 B 端电压，u_B 为多少？
(4) A 端接 $0.3V$，B 端悬空，u_B 为多少？
(5) A 端接 $5k\Omega$ 电阻，B 端悬空，u_B 为多少？

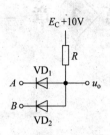

习题图 2.3.1

4．已知逻辑电路和两个输入信号的波形如习题图 2.3.2 所示，信号的重复频率为 1MHz，每个门的平均延迟时间 $t_{pd}=20ns$。试画出：
(1) 不考虑 t_{pd} 时的输出波形。
(2) 考虑 t_{pd} 时的输出波形。

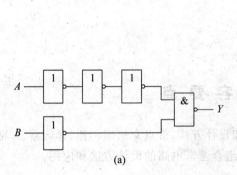

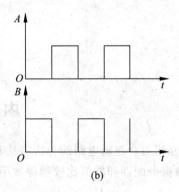

习题图 2.3.2

5．如习题图 2.3.3 均为 TTL 门电路，请回答以下问题。
(1) 写出 Y_1、Y_2、Y_3、Y_4 的逻辑表达式。
(2) 若已知 A、B、C 的波形，分别画出 $Y_1 \sim Y_4$ 的波形。

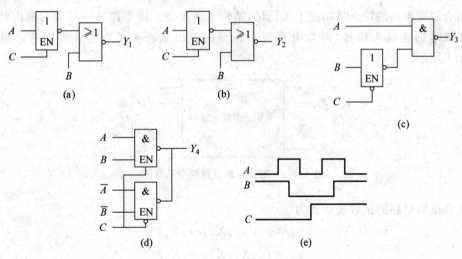

习题图 2.3.3

6．说明 TTL 与非门的原理。
7．常用 TTL 和 CMOS 集成电路有哪些系列产品？

第 3 章　　　　　　　　　　　　　　　　　　　　　　　Chapter 3

组合逻辑电路

内 容 要 点

本章介绍组合逻辑电路的分析方法和设计方法,重点介绍编码器、译码器、加法器、数据选择器、数据分配器和数值比较器等常用组合逻辑电路的设计方法和应用。

3.1　组合逻辑电路的分析与设计方法

根据逻辑功能的不同特点,数字逻辑电路可分为两大类电路:组合逻辑电路和时序逻辑电路。

组合逻辑电路的特点是功能上无记忆,结构上无反馈。即电路任一时刻的输出状态只决定于该时刻各输入信号,而与电路前一时刻的输出状态无关。组合逻辑电路模型如图 3.1.1 所示。

图 3.1.1　组合逻辑电路模型示意图

组合逻辑电路的函数表达式为

$$\begin{cases} Y_1 = f_1(X_1, X_2, \cdots, X_n) \\ Y_2 = f_2(X_1, X_2, \cdots, X_n) \\ \quad\vdots \\ Y_m = f_m(X_1, X_2, \cdots, X_n) \end{cases}$$

上面的表达式也可简化为

$$Y_i = f_i(X_1, X_2, \cdots, X_n), \quad i = 1, 2, 3, \cdots, m$$

组合逻辑电路的表示方法除逻辑表达式之外,还可以用真值表、卡诺图和逻辑图等表示。

3.1.1 组合逻辑电路的分析方法

组合逻辑电路分析就是根据已知逻辑电路图求出其逻辑功能。即根据逻辑图写出逻辑表达式、真值表,并根据它们归纳出电路逻辑功能。

组合逻辑电路分析方法

组合逻辑电路分析的主要步骤如下。

(1) 由逻辑图写表达式:根据逻辑关系从输入到输出逐级写出每一级输出端对应的逻辑表达式,注意一级一级向下写,直至写出最终输出端的表达式。

(2) 化简表达式:在需要时,用公式化简法或者卡诺图化简法将逻辑表达式化简。

(3) 列真值表:将输入信号所有可能的取值组合代入化简后的逻辑表达式中进行计算,列出真值表。

(4) 描述逻辑功能:根据表达式和真值表,对电路进行分析,最后确定电路的逻辑功能。

例 3.1.1 分析如图 3.1.2 所示组合逻辑电路的功能。

解:将各级的输出 Y_1、Y_2、Y_3 标注出来,如图 3.1.2 所示。

根据给定逻辑图,写出各级 Y_1、Y_2、Y_3 的表达式,再写出输出 Y 与输入的逻辑表达式。

$$Y_1 = \overline{AB} \quad Y_2 = \overline{BC} \quad Y_3 = \overline{AC}$$

$$Y = \overline{Y_1 \cdot Y_2 \cdot Y_3} = \overline{\overline{AB} \cdot \overline{BC} \cdot \overline{AC}}$$

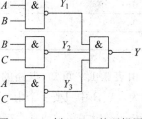

图 3.1.2 例 3.1.1 的逻辑图

最简与或表达式为

$$Y = AB + BC + AC$$

列出最简与或表达式对应的真值表,如表 3.1.1 所示。

表 3.1.1 例 3.1.1 的真值表

A	B	C	Y	A	B	C	Y
0	0	0	0	1	0	0	0
0	0	1	0	1	0	1	1
0	1	0	0	1	1	0	1
0	1	1	1	1	1	1	1

对真值表进行分析,得到逻辑电路的逻辑功能。

由表 3.1.1 可知,若输入两个或者两个以上的 1,则输出 Y 为 1,此电路在实际应用中可作为三人多数表决电路使用。

例 3.1.2 分析图 3.1.3 所示电路的逻辑功能。

解:将各级的输出 Y_1、Y_2、Y_3 标注出来,如图 3.1.3 所示。

根据给定逻辑图,写出各级 Y_1、Y_2、Y_3 的表达式,再写出输出 Y 与输入的逻辑表达式。

$$Y_1 = \overline{A+B+C} \quad Y_2 = \overline{A+\overline{B}} \quad Y_3 = \overline{Y_1 + Y_2 + \overline{B}}$$

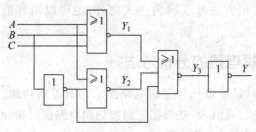

图 3.1.3　例 3.1.2 的逻辑图

$$Y = \overline{Y_3} = \overline{Y_1 + Y_2 + \bar{B}} = \overline{\overline{A+B+C} + \overline{A+\bar{B}} + \bar{B}}$$

最简与或表达式为

$$Y = \overline{A}\overline{B}C + \overline{A}B + \overline{B} = \overline{A}B + \overline{B} = \overline{AB}$$

列出最简与或表达式对应的真值表,如表 3.1.2 所示。

表 3.1.2　例 3.1.2 的真值表

A	B	C	Y	A	B	C	Y
0	0	0	1	1	0	0	1
0	0	1	1	1	0	1	1
0	1	0	1	1	1	0	0
0	1	1	1	1	1	1	0

由表 3.1.2 可知,电路的输出只与输入 A、B 有关,而与输入 C 无关。Y 和 A、B 的逻辑关系为:A、B 中只要一个为 0 时,Y 就为 1;A、B 全为 1 时,Y 就为 0。所以 Y 和 A、B 的逻辑关系为与非逻辑关系。或者直接由式子 $Y = \overline{AB}$ 得出 Y 和 A、B 的逻辑关系为与非逻辑关系。

3.1.2　组合逻辑电路的设计方法

与组合逻辑电路的分析过程相反,组合逻辑电路的设计是根据给定的实际逻辑问题,求出实现其逻辑功能的最佳逻辑电路。

组合逻辑电路的设计方法

工程上的最佳设计,通常需要用多个指标去衡量,主要考虑的问题有以下几个方面。

(1) 所用的逻辑器件数目最少,器件的种类最少,且器件之间的连线最简单。这样的电路称为"最小化"电路。

(2) 满足速度要求,应使级数尽量少,以减少门电路的延迟。

(3) 功耗小,工作稳定可靠。

上述"最佳化"是从满足工程实际需要提出的。显然,"最小化"电路不一定是"最佳化"电路,必须从经济指标、速度和功耗等多个指标综合考虑,才能设计出最佳电路。

组合逻辑电路的设计可分为小规模集成电路、中规模集成电路等电路设计,本节主要介绍用逻辑门电路实现组合逻辑电路的功能。

1. 组合逻辑电路设计步骤

(1) 分析设计要求,设置输入和输出变量。

在进行组合电路设计之前,要仔细分析设计要求,建立逻辑关系,通常是把引起事件的原因作为输入变量,把事件的结果作为输出变量。确定输入、输出逻辑变量并分别用 0 和 1 代表两种不同状态。

(2) 列真值表。

根据分析得到输入、输出之间的逻辑关系,列出真值表。

(3) 写出逻辑表达式并化简。

将真值表中输出为 1 所对应的各个最小项进行逻辑加,得到逻辑表达式。根据需要用卡诺图法或公式法进行化简变换,通过逻辑化简,得出简单的逻辑表达式。根据采用逻辑门电路类型的不同,可以将化简结果变换成所需要的形式。

(4) 画逻辑电路图。

根据表达式画出该电路的逻辑电路图。

(5) 实物安装调试。

实物安装调试是最终验证设计是否正确的手段。

2. 组合逻辑电路设计举例

例 3.1.3 用与非门设计一个举重裁判表决电路。设举重比赛有 3 个裁判,一个主裁判和两个副裁判。杠铃完全举上的判决由每一个裁判按一下自己面前的按钮来确定。只有当两个或两个以上裁判判明成功,并且其中有一个为主裁判时,表明成功的灯才亮。

解: 根据上面假设确定输入、输出逻辑变量列出真值表。

设主裁判为输入变量 A,副裁判分别为输入变量 B 和 C;表示成功与否的灯为输出变量 Y,根据逻辑要求列出真值表,如表 3.1.3 所示。

表 3.1.3 例 3.1.3 的真值表

A	B	C	Y	A	B	C	Y
0	0	0	0	1	0	0	0
0	0	1	0	1	0	1	1
0	1	0	0	1	1	0	1
0	1	1	0	1	1	1	1

由真值表写出表达式:

$$Y = m_5 + m_6 + m_7 = A\bar{B}C + AB\bar{C} + ABC$$

如图 3.1.4(a)所示,利用卡诺图化简,得到最简表达式:

$$Y = AB + AC$$

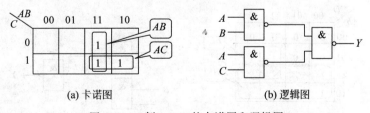

(a) 卡诺图 (b) 逻辑图

图 3.1.4 例 3.1.3 的卡诺图和逻辑图

由于其使用的门电路是与非门,故化简后的表达式还需转换为与非表达式的形式:

$$Y = \overline{\overline{AB} \cdot \overline{AC}}$$

根据逻辑表达式画出逻辑电路图,如图 3.1.4(b)所示。

例 3.1.4 设计一个用来判别一个 8421 BCD 码是否大于 5 的电路。当输入值大于 5 时,电路输出 1;当输入值小于或等于 5 时,电路输出为 0。

解:根据题意列出真值表。

由于 8421 BCD 码每一位数是由四位二进制数组成,且其有效编码为 0000~1001,而 1010~1111 是不可能出现的,故在真值表中当作任意项来处理,其真值表见表 3.1.4。

表 3.1.4 例 3.1.4 的真值表

十进制数	输入对应的 8421 BCD 码				输出
	A	B	C	D	Y
0	0	0	0	0	0
1	0	0	0	1	0
2	0	0	1	0	0
3	0	0	1	1	0
4	0	1	0	0	0
5	0	1	0	1	0
6	0	1	1	0	1
7	0	1	1	1	1
8	1	0	0	0	1
9	1	0	0	1	1
10	1	0	1	0	×
11	1	0	1	1	×
12	1	1	0	0	×
13	1	1	0	1	×
14	1	1	1	0	×
15	1	1	1	1	×

根据真值表画出卡诺图,写出化简过的与非表达式。

由图 3.1.5(a)的卡诺图化简,得到与非表达式为

$$Y = A + BC = \overline{\overline{A} \cdot \overline{BC}}$$

根据简化的与非表达式画出如图 3.1.5(b)所示的逻辑电路图。

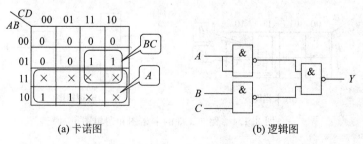

(a) 卡诺图   (b) 逻辑图

图 3.1.5 例 3.1.4 的卡诺图和逻辑图

例 3.1.5 设计一个一位全减器。

解：(1) 列真值表。

全减器有三个输入变量：被减数 A_n、减数 B_n、低位向本位的借位 C_n；有两个输出变量：本位差 D_n、本位向高位的借位 C_{n+1}，其全减器真值表如表 3.1.5 所示，框图如图 3.1.6(a) 所示。

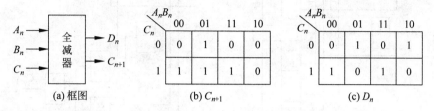

图 3.1.6 全减器框图及卡诺图

表 3.1.5 例 3.1.5 的真值表

A_n	B_n	C_n	C_{n+1}	D_n
0	0	0	0	0
0	0	1	1	1
0	1	0	1	1
0	1	1	1	0
1	0	0	0	1
1	0	1	0	0
1	1	0	0	0
1	1	1	1	1

(2) 写逻辑函数式。

画出 C_{n+1} 和 D_n 的卡诺图如图 3.1.6(b)、(c)所示，然后根据选用的非门、异或门和与或非门三种器件将 C_{n+1}、D_n 分别化简为相应的函数式。由于该电路有两个输出函数，因此化简时应从整体出发，尽量利用公共项使整个电路门数最少，而不是将每个输出函数化为最简，当用与或非门实现电路时，利用圈 0 方法求出相应的与或非式为

$$D_n = \overline{\overline{A_n}\ \overline{B_n}\ \overline{C_n} + \overline{A_n}B_nC_n + A_nB_n\overline{C_n} + A_n\overline{B_n}C_n}$$

$$C_{n+1} = \overline{\overline{B_n}\ \overline{C_n} + A_n\overline{C_n} + A_n\overline{B_n}}$$

当用异或门实现电路时，写出相应的函数式为

$$D_n = A_n \oplus B_n \oplus C_n$$

$$C_{n+1} = \overline{A_n}\ \overline{B_n}C_n + \overline{A_n}B_n\overline{C_n} + B_nC_n$$

$$= \overline{A_n}(B_n \oplus C_n) + B_nC_n$$

$$= \overline{\overline{\overline{A_n}(B_n \oplus C_n)} \cdot \overline{B_nC_n}}$$

其中，$(B_n \oplus C_n)$ 为 D_n 和 C_{n+1} 的公共项。

(3) 画出逻辑电路。如图 3.1.7(a)、(b) 所示。

3. 组合逻辑电路设计中的实际问题

上面介绍的是组合逻辑电路的一般设计方法，实际遇到的问题往往比较复杂。下面对

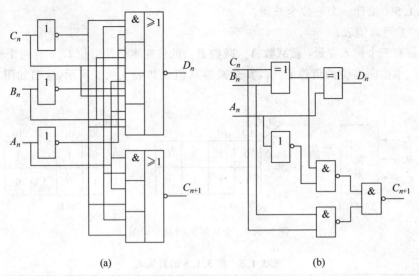

图 3.1.7 例 3.1.5 的全减器逻辑图

设计过程常见的问题进行讨论。

1) 扇入限制

扇入限制也称为扇入系数,就是集成门电路输入端子数,一个独立门的输入端子数是几,则其扇入系数就是几。如 74LS00,它内含四个二输入与非门,一个独立的与非门只有两个输入端,因此其扇入系数为 2。

在逻辑电路设计过程中,常有逻辑函数表达式所需的输入数与实际器件的扇入系数不相符合的情况,可以参考下面的处理方法。

(1) 多余输入端的处理

多余输入端的处理可分为两种情况加以处理,即输入端的逻辑关系是与(与非)逻辑关系还是或(或非)逻辑关系两种。

① 输入端为与(与非)逻辑时,根据具体的实际情况有以下三种方法可以选择。

- 多余输入端悬空。对于 TTL 电路在干扰不严重的情况下可以采用,因为这样处理简单,不用连线,但应用时一定要慎重,因为悬空的输入端易引入干扰。
- 多余输入端与使用输入端并接。不论是 TTL 电路还是 CMOS 电路都可以采用,此法的优点是抗干扰强,连线短便于 PCB 设计,缺点是加大了输入信号的负载。
- 多余输入端与正电源(高电平)相连。不论是 TTL 电路还是 CMOS 电路都可以采用,此法的优点是抗干扰强,不会加大输入信号的负载,缺点是连线较长。

② 输入端为或(或非)逻辑时,无论对于 TTL 电路,还是 CMOS 电路都可将多余输入端接地(低电平)或与使用输入端并接,但不能悬空。

(2) 电路提供的输入端少于实际需要的输入端

扇入不够比扇入多余处理起来要复杂得多,当集成电路的输入端少于实际电路需要的输入端数时,通常采用加扩展器和分组的方法进行解决。

加扩展器是最简单的处理办法,但其缺点是增加了器件的种类,除一般的器件外,还必须有带扩展端的器件和相应的扩展器。

下面是一种直观分配输入端的方法,即分组处理法。如图 3.1.8 所示。

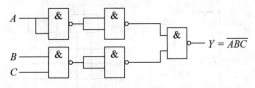

图 3.1.8 扇入分组示意逻辑图

2) 扇出限制

扇出也叫扇出系数,是指一个门电路驱动同类门的个数(一般门电路的扇出 $N_0 \geqslant 8$)。在设计电路时,最终的电路可能存在一个门电路的输出所带的负载非常多,从而超过器件的带负载能力,由于负载一般为同系列的门电路,故这种问题通常叫作扇出问题。

解决这类问题一般有两种方法:一种方法是采用扇出系数大的门作为输出(通常在器件手册中称为带缓冲的门),一般这种门的扇出可达 20,可以满足一般的要求设计;另一种方法是加驱动器,驱动器的输入与输出相同,没有逻辑变换功能,只起功放作用,又称为缓冲器。

3.2 编 码 器

广义上讲编码就是用文字、数码或者符号表示特定对象的过程。例如,为街道命名、给学生编学号、写莫尔斯码等都是编码。本章所讨论的编码是指以二进制码表示给定的数字、字符或信息。编码器就是实现编码操作的电路。常用的编码器有二进制编码器和二-十进制编码器等。

3.2.1 二进制编码器

二进制编码器是对 2^n 个输入进行二进制编码的组合逻辑电路。按输出二进制位数称为 n 位二进制编码器,即用 n 位二进制代码对 2^n 个信号进行编码的电路。

编码器的示意图如图 3.2.1(a)所示。通常编码器有 m 个输入端 $I_0 \sim I_{m-1}$,需要编码的信号从此处输入;有 n 个输出端 $Y_0 \sim Y_{n-1}$,编码后的二进制信号从此处输出。m 与 n 之间满足 $m \leqslant 2^n$ 的关系。另外,编码器还有使能输入端 EI,它用于控制编码器是否进行编码;使能输出端 EO 和优先标志输出端 CS 等控制端主要用于编码器间的级联。编码器的功能就是从 m 个输入信号中选中一个并编成一组二进制代码并行输出。

n 位二进制编码器常用 2 位(4 线-2 线)、3 位(8 线-3 线)、4 位(16 线-4 线)的二进制编码器。4 线-2 线编码器有 4 个输入端,2 个输出端,逻辑图如图 3.2.1(b)所示。下面介绍常用的 8 线-3 线二进制编码器。

1. 8 线-3 线二进制编码器

8 线-3 线二进制编码器有 8 个输入(I_0、I_1、I_2、I_3、I_4、I_5、I_6、I_7 分别表示 8 个输入信号),输入信号为 1 表示对该信号进行编码,编码器输出对应三位二进制码(F_2、F_1、F_0),其真值表如表 3.2.1 所示。

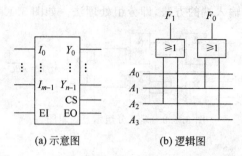

图 3.2.1　编码器示意图和 4 线-2 线编码器逻辑图

表 3.2.1　8 线-3 线二进制编码器真值表

I_7	I_6	I_5	I_4	I_3	I_2	I_1	I_0	F_2	F_1	F_0
0	0	0	0	0	0	0	1	0	0	0
0	0	0	0	0	0	1	0	0	0	1
0	0	0	0	0	1	0	0	0	1	0
0	0	0	0	1	0	0	0	0	1	1
0	0	0	1	0	0	0	0	1	0	0
0	0	1	0	0	0	0	0	1	0	1
0	1	0	0	0	0	0	0	1	1	0
1	0	0	0	0	0	0	0	1	1	1

这种编码器有一个特点：任何时刻只允许输入一个有效信号，输出只对这个信号进行编码，不允许同时出现两个或两个以上的有效信号，因而其输入是一组互相排斥的变量，即限定输入中只能有一个为 1（输入有效信号为高电平）或 0（输入有效信号为低电平）。

表 3.2.1 的输出表达式可以用下式表示：

$$F_2 = I_4 + I_5 + I_6 + I_7 = \overline{\overline{I_4} \cdot \overline{I_5} \cdot \overline{I_6} \cdot \overline{I_7}}$$

$$F_1 = I_2 + I_3 + I_6 + I_7 = \overline{\overline{I_2} \cdot \overline{I_3} \cdot \overline{I_6} \cdot \overline{I_7}}$$

$$F_0 = I_1 + I_3 + I_5 + I_7 = \overline{\overline{I_1} \cdot \overline{I_3} \cdot \overline{I_5} \cdot \overline{I_7}}$$

由此输出函数表达式画出的 8 线-3 线二进制编码器可以采用或门或者与非门组成，如图 3.2.2(a) 所示为由或门构成的 8 线-3 线二进制编码器逻辑图，如图 3.2.2(b) 所示为由与非门的构成 8 线-3 线二进制编码器逻辑图。8 线-3 线二进制编码器方框图如图 3.2.3 所示。

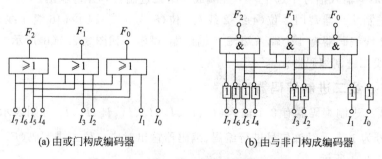

图 3.2.2　8 线-3 线二进制编码器逻辑图

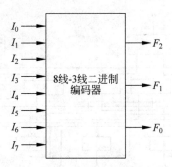

图 3.2.3 8 线-3 线二进制编码器方框图

2. 8 线-3 线二进制优先编码器

普通编码器的前提条件是每一时刻仅有一个有效信号输入,如果同时有两个或两个以上有效信号输入,这时普通编码器就无法工作。由于通常情况下对多数事件的处理总是先将最紧急的事件处理后,再处理一般的事件,存在一个优先等级的问题,故在工程中通常采用的是优先编码器。

优先编码器就是在同一时刻允许多个有效信号输入,输出只对优先级别最高的信号进行编码,而优先级低的信号则被忽略掉。

8 线-3 线二进制优先编码器的输入有 8 个,即 $I_7 \sim I_0$;输出有 3 个,即 $A_2 \sim A_0$。

设 I_7 的优先级别最高,I_6 次之,以此类推,I_0 最低。8 线-3 线二进制优先编码器真值表如表 3.2.2 所示,由真值表列出逻辑表达式,由逻辑表达式画出逻辑图,如图 3.2.4 所示。

表 3.2.2 8 线-3 线二进制优先编码器真值表

I_7	I_6	I_5	I_4	I_3	I_2	I_1	I_0	A_2	A_1	A_0
0	0	0	0	0	0	0	1	0	0	0
0	0	0	0	0	0	1	×	0	0	1
0	0	0	0	0	1	×	×	0	1	0
0	0	0	0	1	×	×	×	0	1	1
0	0	0	1	×	×	×	×	1	0	0
0	0	1	×	×	×	×	×	1	0	1
0	1	×	×	×	×	×	×	1	1	0
1	×	×	×	×	×	×	×	1	1	1

逻辑表达式为

$$A_2 = I_7 + \overline{I_7}I_6 + \overline{I_7}\,\overline{I_6}I_5 + \overline{I_7}\,\overline{I_6}\,\overline{I_5}I_4 = I_7 + I_6 + I_5 + I_4$$

$$A_1 = I_7 + \overline{I_7}I_6 + \overline{I_7}\,\overline{I_6}\,\overline{I_5}\,\overline{I_4}I_3 + \overline{I_7}\,\overline{I_6}\,\overline{I_5}\,\overline{I_4}\,\overline{I_3}I_2$$
$$= I_7 + I_6 + \overline{I_5}\,\overline{I_4}I_3 + \overline{I_5}\,\overline{I_4}I_2$$

$$A_0 = I_7 + \overline{I_7}\,\overline{I_6}I_5 + \overline{I_7}\,\overline{I_6}\,\overline{I_5}\,\overline{I_4}I_3 + \overline{I_7}\,\overline{I_6}\,\overline{I_5}\,\overline{I_4}\,\overline{I_3}\,\overline{I_2}I_1$$
$$= I_7 + \overline{I_6}I_5 + \overline{I_6}\,\overline{I_4}I_3 + \overline{I_6}\,\overline{I_4}\,\overline{I_2}I_1$$

在实际工程中,如果要求输出、输入均为反变量,则只要将图中的每个输出端和输入端都加上反相器就可以了。

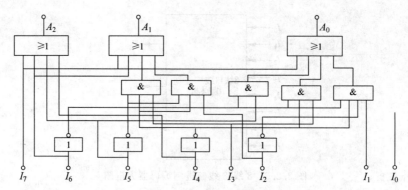

图 3.2.4　8 线-3 线二进制优先编码器逻辑图

3. 集成 8 线-3 线二进制优先编码器

集成电路 74LS148 是一种常用的 8 线-3 线二进制优先编码器，它有 8 个输入信号，3 个输出信号。由于 74LS148 是优先编码器，故允许多个输入信号同时有效，但只对其中优先级别最高的有效输入信号编码，而对级别较低的输入信号不响应，其功能表如表 3.2.3 所示。

表 3.2.3　74LS148 的功能表

输入									输出				
$\overline{EI}$	$\overline{I_0}$	$\overline{I_1}$	$\overline{I_2}$	$\overline{I_3}$	$\overline{I_4}$	$\overline{I_5}$	$\overline{I_6}$	$\overline{I_7}$	$\overline{A_2}$	$\overline{A_1}$	$\overline{A_0}$	$\overline{GS}$	$\overline{EO}$
1	×	×	×	×	×	×	×	×	1	1	1	1	1
0	1	1	1	1	1	1	1	1	1	1	1	1	0
0	×	×	×	×	×	×	×	0	0	0	0	0	1
0	×	×	×	×	×	×	0	1	0	0	1	0	1
0	×	×	×	×	×	0	1	1	0	1	0	0	1
0	×	×	×	×	0	1	1	1	0	1	1	0	1
0	×	×	×	0	1	1	1	1	1	0	0	0	1
0	×	×	0	1	1	1	1	1	1	0	1	0	1
0	×	0	1	1	1	1	1	1	1	1	0	0	1
0	0	1	1	1	1	1	1	1	1	1	1	0	1

表中 $\overline{I_0} \sim \overline{I_7}$ 为编码器输入端，低电平有效；$\overline{A_0} \sim \overline{A_2}$ 为编码器输出端，也为低电平有效，即反码输出。其他功能如下。

（1）$\overline{EI}$ 为使能输入端，低电平有效。

（2）优先顺序从 $\overline{I_7}$ 依次到 $\overline{I_0}$，即 $\overline{I_7}$ 的优先级最高，然后是 $\overline{I_6}, \overline{I_5}, \cdots, \overline{I_0}, \overline{I_0}$ 优先级最低。

（3）从表 3.2.3 可以看出，只要任何一个编码输入端有 0，且 $\overline{EI}=0$，则 $\overline{GS}=0$。因此，$\overline{GS}=0$ 表示"电路工作，且有编码输入"。

（4）从表 3.2.3 可以看出，只有当所有编码输入端都是 1，即没有编码输入，并且 $\overline{EI}=0$ 时，$\overline{EO}$ 才为 0。可见，$\overline{EO}=0$ 表示"电路工作，但无编码输入"。

74LS148 优先级编码器逻辑图如图 3.2.5 所示，其引脚图如图 3.2.6 所示。

74LS148 的级联电路图如图 3.2.7 所示，级联后成为 16 线/4 线优先编码器，优先级别从 X_{15} 到 X_0 依次递降。

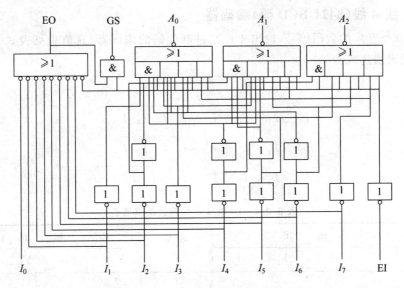

图 3.2.5 74LS148 优先级编码器逻辑图

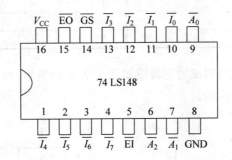

图 3.2.6 74LS148 引脚图

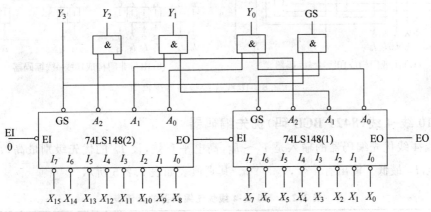

图 3.2.7 74LS148 的级联电路图

3.2.2 二-十进制编码器

二-十进制编码器是输入 0~9 十进制数的 10 个数，输出相应 BCD 码的 10 线-4 线编码器。

1. 10 线-4 线（8421 BCD 码）编码器

输入 10 个互斥的数码信号，输出 4 位二进制代码的编码器，真值表见表 3.2.4。由真值表写出逻辑表达式为

$$Y_3 = I_8 + I_9 = \overline{\overline{I_8}\ \overline{I_9}}$$

$$Y_2 = I_4 + I_5 + I_6 + I_7 = \overline{\overline{I_4}\ \overline{I_5}\ \overline{I_6}\ \overline{I_7}}$$

$$Y_1 = I_2 + I_3 + I_6 + I_7 = \overline{\overline{I_2}\ \overline{I_3}\ \overline{I_6}\ \overline{I_7}}$$

$$Y_0 = I_1 + I_3 + I_5 + I_7 + I_9 = \overline{\overline{I_1}\ \overline{I_3}\ \overline{I_5}\ \overline{I_7}\ \overline{I_9}}$$

表 3.2.4 10 线-4 线编码器的真值表

输入 I	输出				输入 I	输出			
	Y_3	Y_2	Y_1	Y_0		Y_3	Y_2	Y_1	Y_0
$0(I_0)$	0	0	0	0	$5(I_5)$	0	1	0	1
$1(I_1)$	0	0	0	1	$6(I_6)$	0	1	1	0
$2(I_2)$	0	0	1	0	$7(I_7)$	0	1	1	1
$3(I_3)$	0	0	1	1	$8(I_8)$	1	0	0	0
$4(I_4)$	0	1	0	0	$9(I_9)$	1	0	0	1

10 线-4 线编码器由或门构成的逻辑图如图 3.2.8(a)所示，由与非门构成 10 线-4 线编码器逻辑图如图 3.2.8(b)所示。

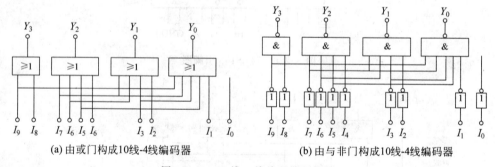

(a) 由或门构成10线-4线编码器　　　　　(b) 由与非门构成10线-4线编码器

图 3.2.8 10 线-4 线编码器逻辑图

2. 10 线-4 线（8421 BCD 码）优先编码器

10 线-4 线优先编码器的输入是 $I_9 \sim I_0$，高电平有效，设 I_9 的优先级别最高，I_8 次之，以此类推，I_0 最低。输出有 4 个，$Y_3 \sim Y_0$。其真值表如表 3.2.5 所示。

表 3.2.5 10 线-4 线优先编码器的真值表

输入										输出			
I_9	I_8	I_7	I_6	I_5	I_4	I_3	I_2	I_1	I_0	Y_3	Y_2	Y_1	Y_0
1	×	×	×	×	×	×	×	×	×	1	0	0	1
0	1	×	×	×	×	×	×	×	×	1	0	0	0

续表

输入										输出			
I_9	I_8	I_7	I_6	I_5	I_4	I_3	I_2	I_1	I_0	Y_3	Y_2	Y_1	Y_0
0	0	1	×	×	×	×	×	×	×	0	1	1	1
0	0	0	1	×	×	×	×	×	×	0	1	1	0
0	0	0	0	1	×	×	×	×	×	0	1	0	1
0	0	0	0	0	1	×	×	×	×	0	1	0	0
0	0	0	0	0	0	1	×	×	×	0	0	1	1
0	0	0	0	0	0	0	1	×	×	0	0	1	0
0	0	0	0	0	0	0	0	1	×	0	0	0	1
0	0	0	0	0	0	0	0	0	1	0	0	0	0

常用的集成 10 线-4 线优先编码器有 74LS147，与 74LS148 相比较，74LS147 没有输入使能端和输出使能端，也没有标志位（GS），实际应用时要附加电路产生 GS，74LS147 和 74LS148 一样，输入和输出信号都是低电平有效的，输出为相应 BCD 码的反码。图 3.2.9 分别给出了 74LS147 的方框图、符号图和引脚图。

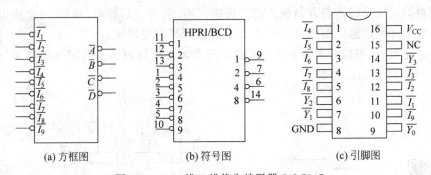

图 3.2.9　10 线-4 线优先编码器 74LS147

在实际工程中，如果要求输出、输入均为高电平有效，在每一个输入端和输出端都加上反相器，便可得到输入和输出均为反变量的 8421 BCD 码优先编码器。

如图 3.2.10 所示是用 74LS148 和门电路组成的 10 线-4 线优先编码器，输入仍为低电平有效，输出为 8421 BCD 码。

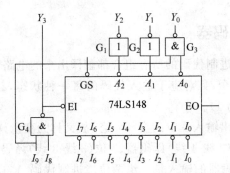

图 3.2.10　74LS148 组成 8421 BCD 编码器

工作原理为：当 I_9、I_8 无输入（即 I_9、I_8 均为高电平）时，与非门 G_4 的输出 $Y_3=0$，同时使 74LS148 的 EI=0，允许 74LS148 工作，74LS148 对输入 $I_0 \sim I_7$ 进行编码。如果 $I_5=0$，则 $A_2A_1A_0=010$，经 G_1、G_2、G_3 门处理后，$Y_2Y_1Y_0=101$，所以总输出 $Y_3Y_2Y_1Y_0=0101$。这正好是 5 的 8421 BCD 码。

当 I_9 或 I_8 有输入（低电平）时，与非门 G_4 的输出 $Y_3=1$，同时使 74LS148 的 EI=1，禁止 74LS148 工作，使 $A_2A_1A_0=111$。如果此时 $I_9=0$，则总输出 $Y_3Y_2Y_1Y_0=1001$；如果 $I_8=0$，则总输出 $Y_3Y_2Y_1Y_0=1000$。这正好是 9 和 8 的 8421 BCD 码。

3.3 译 码 器

译码是编码的逆过程，把这些代码翻译成原来的信息，就是译码。实现译码功能的电路称作译码器。

译码器的示意图如图 3.3.1(a)所示，它有 n 个输入端，需要译码的 n 位二进制代码从这里并行输入；有 m 个译码输出端，另外还有若干个使能控制端 Ex 等，用于控制译码器的工作状态和译码器间的级联。

译码器的功能是将 n 位并行输入的二进制代码，根据译码要求，选择 m 个输出中的一个或几个输出译码信息。图 3.3.2(b)为 2 线-4 线译码器逻辑图。

按功能分类，译码器分为两大类：通用译码器和显示译码器。通用译码器又分为二进制译码器和二-十进制译码器。

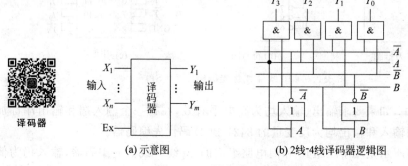

图 3.3.1 译码器示意图和逻辑图

3.3.1 二进制译码器

二进制译码器是把二进制代码的所有组合都翻译出来的电路。设二进制译码器的输入端为 n 个，则输出端为 2^n 个，且对应于输入代码的每一种状态，2^n 个输出中只有一个为 1（或为 0），其余全为 0（或为 1）。

二进制译码器可以译出输入变量的全部状态，故又称为变量译码器。

二进制译码器有 2 位（2 线-4 线）译码器、3 位（3 线-8 线）译码器等。2 位二进制译码器如图 3.3.1(b)所示，该译码器的输入是一组两位二进制代码 A、B，输出是与代码状态相对应的 4 个信号 Y_3、Y_2、Y_1 和 Y_0。

1. 3 线-8 线二进制译码器

通用译码器给定一个(二进制码或 BCD 码)输入就有一个输出(高电平或低电平)有效。3 位二进制译码器有 3 个输入端 A_2、A_1、A_0 和 8 个输出端 $Y_0 \sim Y_7$,故称为 3 线-8 线译码器。

3 线-8 线二进制通用译码器的真值表如表 3.3.1 所示。

表 3.3.1 3 线-8 线二进制译码器的真值表

输入			输出							
A_2	A_1	A_0	Y_0	Y_1	Y_2	Y_3	Y_4	Y_5	Y_6	Y_7
0	0	0	1	0	0	0	0	0	0	0
0	0	1	0	1	0	0	0	0	0	0
0	1	0	0	0	1	0	0	0	0	0
0	1	1	0	0	0	1	0	0	0	0
1	0	0	0	0	0	0	1	0	0	0
1	0	1	0	0	0	0	0	1	0	0
1	1	0	0	0	0	0	0	0	1	0
1	1	1	0	0	0	0	0	0	0	1

由真值表列出逻辑表达式为

$$Y_0 = \overline{A_2}\,\overline{A_1}\,\overline{A_0} \quad Y_1 = \overline{A_2}\,\overline{A_1}A_0 \quad Y_2 = \overline{A_2}A_1\overline{A_0} \quad Y_3 = \overline{A_2}A_1A_0$$

$$Y_4 = A_2\overline{A_1}\,\overline{A_0} \quad Y_5 = A_2\overline{A_1}A_0 \quad Y_6 = A_2A_1\overline{A_0} \quad Y_7 = A_2A_1A_0$$

2. 集成 3 线-8 线二进制译码器 74LS138

集成 3 线-8 线译码器 74LS138 有 3 个输入端 A_2、A_1、A_0 和 8 个输出端 $\overline{Y_0} \sim \overline{Y_7}$,为便于扩展成更多位的译码电路,74LS138 还有 3 个输入使能端 EN_1、$\overline{EN_{2A}}$ 和 $\overline{EN_{2B}}$。74LS138 译码器的真值表如表 3.3.2 所示,其中 $G_2 = \overline{EN_{2A}} + \overline{EN_{2B}}$。

表 3.3.2 74LS138 译码器的真值表

输入					输出							
使能		选择										
EN_1	G_2	A_2	A_1	A_0	$\overline{Y_7}$	$\overline{Y_6}$	$\overline{Y_5}$	$\overline{Y_4}$	$\overline{Y_3}$	$\overline{Y_2}$	$\overline{Y_1}$	$\overline{Y_0}$
×	1	×	×	×	1	1	1	1	1	1	1	1
0	×	×	×	×	1	1	1	1	1	1	1	1
1	0	0	0	0	1	1	1	1	1	1	1	0
1	0	0	0	1	1	1	1	1	1	1	0	1
1	0	0	1	0	1	1	1	1	1	0	1	1
1	0	0	1	1	1	1	1	1	0	1	1	1
1	0	1	0	0	1	1	1	0	1	1	1	1
1	0	1	0	1	1	1	0	1	1	1	1	1
1	0	1	1	0	1	0	1	1	1	1	1	1
1	0	1	1	1	0	1	1	1	1	1	1	1

74LS138 的 3 个输入使能端 EN_1 高电平有效,$\overline{EN_{2A}}$ 和 $\overline{EN_{2B}}$ 低电平有效。只有在所

有使能端都为有效电平,即 $EN_1 \overline{EN_{2A}} \overline{EN_{2B}} = 100$ 时,74LS138 才对输入进行译码,相应输出端为低电平,即输出信号为低电平有效。在 $EN_1 \overline{EN_{2A}} \overline{EN_{2B}} \neq 100$ 时,译码器停止译码,输出无效电平,即高电平。74LS138 引脚图如图 3.3.2(a)所示,逻辑功能图如图 3.3.2(b)所示。

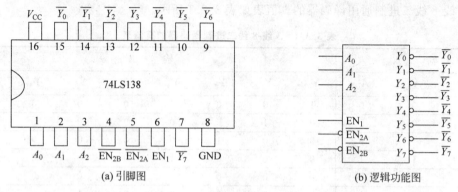

图 3.3.2 3 线-8 线集成 74LS138

3. 集成译码器的扩展应用

集成译码器通过给使能端加一定的控制信号,就可以扩展其输入位数。以下用 74LS138 为例,说明集成译码器扩展应用的方法。图 3.3.3 是用两片 74LS138 扩展成 4 线-16 线的译码器。

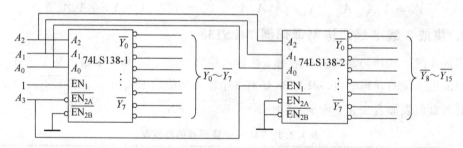

图 3.3.3 74LS138 扩展成 4 线-16 线译码器

3.3.2 二-十进制译码器

1. 8421 BCD 码译码器

把二-十进制代码翻译成 10 个十进制数字的电路,称为二-十进制译码器。二-十进制译码器的输入是十进制数对应的 4 位二进制 BCD 码编码,分别用 A_3、A_2、A_1、A_0 表示;输出的是与 10 个十进制数字相对应的 10 个信号,用 $Y_9 \sim Y_0$ 表示。由于二-十进制译码器有 4 根输入线,10 根输出线,所以又称为 4 线-10 线译码器。真值表如表 3.3.3 所示。

表 3.3.3 4 线-10 线译码器的真值表

输入				输出									
A_3	A_2	A_1	A_0	Y_9	Y_8	Y_7	Y_6	Y_5	Y_4	Y_3	Y_2	Y_1	Y_0
0	0	0	0	0	0	0	0	0	0	0	0	0	1

续表

输入				输出									
A_3	A_2	A_1	A_0	Y_9	Y_8	Y_7	Y_6	Y_5	Y_4	Y_3	Y_2	Y_1	Y_0
0	0	0	1	0	0	0	0	0	0	0	0	1	0
0	0	1	0	0	0	0	0	0	0	0	1	0	0
0	0	1	1	0	0	0	0	0	0	1	0	0	0
0	1	0	0	0	0	0	0	0	1	0	0	0	0
0	1	0	1	0	0	0	0	1	0	0	0	0	0
0	1	1	0	0	0	0	1	0	0	0	0	0	0
0	1	1	1	0	0	1	0	0	0	0	0	0	0
1	0	0	0	0	1	0	0	0	0	0	0	0	0
1	0	0	1	1	0	0	0	0	0	0	0	0	0

由真值表列出逻辑表达式为

$Y_0 = \overline{A_3}\,\overline{A_2}\,\overline{A_1}\,\overline{A_0}$　　$Y_1 = \overline{A_3}\,\overline{A_2}\,\overline{A_1}A_0$　　$Y_2 = \overline{A_3}\,\overline{A_2}A_1\overline{A_0}$　　$Y_3 = \overline{A_3}\,\overline{A_2}A_1A_0$

$Y_4 = \overline{A_3}A_2\overline{A_1}\,\overline{A_0}$　　$Y_5 = \overline{A_3}A_2\overline{A_1}A_0$　　$Y_6 = \overline{A_3}A_2A_1\overline{A_0}$　　$Y_7 = \overline{A_3}A_2A_1A_0$

$Y_8 = A_3\overline{A_2}\,\overline{A_1}\,\overline{A_0}$　　$Y_9 = A_3\overline{A_2}\,\overline{A_1}A_0$

2. 集成 4 线-10 线译码器

74LS42 是一种常见的集成 4 线-10 线 8421 BCD 译码器。其输出为反变量,即为低电平有效,引脚图如图 3.3.4(a)所示,逻辑功能图如图 3.3.4(b)所示。

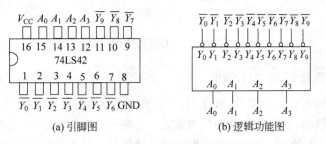

(a) 引脚图　　　　　　　　　　　　(b) 逻辑功能图

图 3.3.4　74LS42 的引脚及逻辑功能图

3.3.3　显示译码器

用来驱动各种显示器件,从而将用二进制代码表示的数字、文字、符号翻译成人们习惯的形式直观地显示出来的电路,称为显示译码器。

在数字系统中常见的数码显示器件通常有:发光二极管数码管(LED 数码管)和液晶显示数码管(LCD 数码管)两种。发光二极管数码管是用发光二极管构成显示数码的笔画来显示数字的,由于发光二极管会发光,故 LED 数码管适用于各种场合。液晶显示数码管是利用液晶材料在交变电压的作用下会吸收光线,而在没有交变电压的作用下不会吸收光线的原理来显示数码,但由于液晶材料有光时才能使用,故不能用于无外界光的场合,但液晶显示器有一个最大的优点就是耗电相当节省,所以广泛使用于小型计算器等小型设备的数码显示。

1. 七段字符显示器

将七个发光二极管封装在一起,每个发光二极管做成字符的一个段,就是所谓的七段 LED 字符显示器,如图 3.3.5(a)所示。根据内部连接的不同,LED 显示器有共阴极和共阳极之分,如图 3.3.5(b)和(c)所示。由图可知,共阴极 LED 显示器适用于高电平驱动,共阳极 LED 显示器适用于低电平驱动。由于集成电路的高电平输出电流小,而低电平输出电流相对比较大,当采用集成门电路直接驱动 LED 时,较多地采用低电平驱动方式。七段数码管利用不同的发光段组合显示不同的数字。

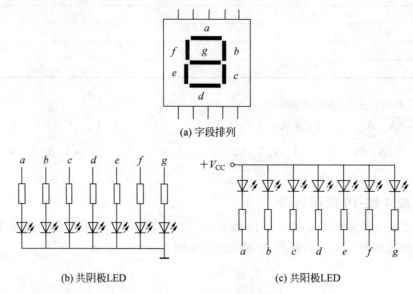

图 3.3.5 七段字符显示器

2. 集成显示译码器 74LS48

集成显示译码器有多种型号,有 TTL 集成显示译码器,也有 CMOS 集成显示译码器;有高电平输出有效的,也有低电平输出有效的;有推挽输出结构的,也有集电极开路输出结构的;有带输入锁存的,有带计数器的集成显示译码器。就七段显示译码器而言,它们的功能大同小异,主要区别在于输出有效电平。七段显示译码器示意图如图 3.3.6 所示。

七段显示译码器 74LS48 是输出高电平有效的译码器,其真值表如表 3.3.4。

74LS48 除了有实现七段显示译码器基本功能的输入(D、C、B、A)和输出($Y_a \sim Y_g$)端外,74LS48 还引入了灯测试输入端($\overline{\text{LT}}$)和动态灭零输入端($\overline{\text{RBI}}$),以及既有输入功能又有输出功能的消隐输入/动态灭零输出($\overline{\text{BI}}/\text{RBO}$)端。

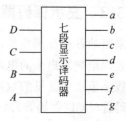

图 3.3.6 七段显示译码器示意图

由 74LS48 真值表可获知 74LS48 具有以下逻辑功能。

(1) 七段译码功能($\overline{\text{LT}}=1$,$\overline{\text{RBI}}=1$)。

在灯测试输入端($\overline{\text{LT}}$)和动态灭零输入端($\overline{\text{RBI}}$)都接无效电平时,输入 D、C、B、A 经

74LS48译码,输出高电平有效的七段字符显示器的驱动信号,显示相应字符。除$DCBA=0000$外,$\overline{RBI}$也可以接低电平,见表3.3.4中3~19行。

(2) 消隐功能($\overline{BI}=0$)。

此时$\overline{BI}/\overline{RBO}$端作为输入端,该端输入低电平信号时,表3.3.4第1行,无论$\overline{LT}$和$\overline{RBI}$输入什么电平信号,不管输入D、C、B、A为什么状态,输出全为0,七段显示译码器熄灭。该功能主要用于多显示器的动态显示。

(3) 灯测试功能($\overline{LT}=0$)。

此时$\overline{BI}/\overline{RBO}$端作为输出端,$\overline{LT}$端输入低电平信号时,表3.3.4第2行,与$\overline{RBI}$及$D$、$C$、$B$、$A$输入无关,输出全为1,显示器7个字段都点亮。该功能用于七段显示译码器测试,判别是否有损坏的字段。

(4) 动态灭零功能($\overline{LT}=1$,$\overline{RBI}=0$)。

此时$\overline{BI}/\overline{RBO}$端作为输出端,$\overline{LT}$端输入高电平信号,$\overline{RBI}$端输入低电平信号,若$DCBA=0000$,表3.3.4第3行,输出全为0,显示器熄灭,不显示这个零。若$DCBA\neq 0$,则对显示无影响。该功能主要用于多个七段显示译码器同时显示时熄灭高位的零。

表 3.3.4　七段显示译码器 74LS48 真值表

功能和显示字形	输入						输出							
	$\overline{LT}$	$\overline{RBI}$	D	C	B	A	$\overline{BI}/\overline{RBO}$	Y_a	Y_b	Y_c	Y_d	Y_e	Y_f	Y_g
$\overline{BI}/\overline{RBO}$	×	×	×	×	×	×	0	0	0	0	0	0	0	0
$\overline{LT}$	0	×	×	×	×	×	1	1	1	1	1	1	1	1
$\overline{RBI}$	1	0	0	0	0	0	0	0	0	0	0	0	0	0
0	1	1	0	0	0	0	1	1	1	1	1	1	1	0
1	1	×	0	0	0	1	1	0	1	1	0	0	0	0
2	1	×	0	0	1	0	1	1	1	0	1	1	0	1
3	1	×	0	0	1	1	1	1	1	1	1	0	0	1
4	1	×	0	1	0	0	1	0	1	1	0	0	1	1
5	1	×	0	1	0	1	1	1	0	1	1	0	1	1
6	1	×	0	1	1	0	1	0	0	1	1	1	1	1
7	1	×	0	1	1	1	1	1	1	1	0	0	0	0
8	1	×	1	0	0	0	1	1	1	1	1	1	1	1
9	1	×	1	0	0	1	1	1	1	1	0	0	1	1
C	1	×	1	0	1	0	1	0	0	0	1	1	0	1
⊐	1	×	1	0	1	1	1	0	0	1	1	0	0	1
u	1	×	1	1	0	0	1	0	1	1	1	0	0	0
⊇	1	×	1	1	0	1	1	1	0	0	1	0	1	1
t	1	×	1	1	1	0	1	0	0	0	1	1	1	1
暗	1	×	1	1	1	1	0	0	0	0	0	0	0	0

BCD七段显示译码器的输入是一位BCD码(以D、C、B、A表示),输出是数码管各段的驱动信号(以$Y_a\sim Y_g$表示),也称4线-7线译码器。若用它驱动共阴极LED数码管,则输出应为高电平有效,即输出为高电平时,相应显示段发光。

例如,当输入8421码$DCBA=0100$时,应显示 4,即要求同时点亮b、c、f、g段,熄灭

a、d、e 段,故译码器的输出应为 $Y_a \sim Y_g = 0110011$,这也是一组代码,常称为段码。同理,根据组成 0~9 这 10 个字形的要求可以列出 8421 BCD 七段显示译码器的真值表,见表 3.3.4 (未用码组省略)。

图 3.3.7 给出了 74LS48 的逻辑图、方框图和符号图。由符号图可以知道,4 号端具有输入和输出双重功能。作为输入($\overline{BI}$)低电平时,G21 为 0,所有字段输出置 0,即实现消隐功能。作为输出($\overline{RBO}$),相当于 $\overline{LT}$、$\overline{RBI}$ 及 CT0 的与非关系,即 $\overline{LT} = 1$,$\overline{RBI} = 0$,$DCBA = 0000$ 时输出低电平,可实现动态灭零功能。3 号($\overline{LT}$)端有效低电平时,V20 = 1,所有字段置 1,实现灯测试功能。

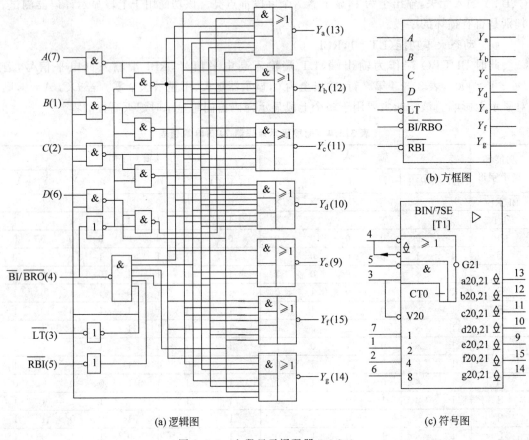

图 3.3.7 七段显示译码器 74LS48

七段显示译码器引脚图如图 3.3.8 所示,译码器和数码管构成的数字显示译码器如图 3.3.9 所示。

3.3.4 译码器的应用

1. 用二进制译码器实现逻辑函数

由二进制译码器加上门电路可以实现任何逻辑函数。例如,组成全加器的过程如下。
(1) 写出函数的标准与或表达式,并变换为与非-与非形式。

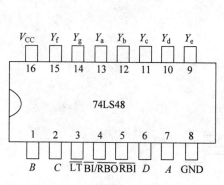
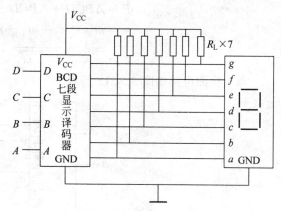

图 3.3.8 七段显示译码器引脚图　　　　图 3.3.9 数字显示译码器

$$\begin{cases} S_i(A_iB_iC_{i-1}) = \sum m(1,2,4,7) = \overline{\overline{m_1}\ \overline{m_2}\ \overline{m_4}\ \overline{m_7}} \\ C_i(A_iB_iC_{i-1}) = \sum m(3,5,6,7) = \overline{\overline{m_3}\ \overline{m_5}\ \overline{m_6}\ \overline{m_7}} \end{cases}$$

(2) 画出用二进制译码器和与非门实现这些函数的接线图,如图 3.3.10 所示。

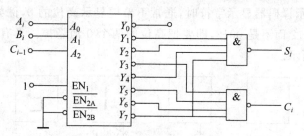

图 3.3.10　用二进制译码器组成全加器

2. 用二进制译码器实现码制变换

用二进制译码器还可以实现码制的变换,图 3.3.11(a)是将 8421 码变换成十进制码的示意图,图 3.3.11(b)是余三码变换成十进制码的示意图。

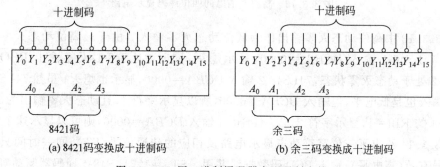

(a) 8421码变换成十进制码　　　　(b) 余三码变换成十进制码

图 3.3.11　用二进制译码器实现码制变换

例 3.3.1　用 4 线-10 线译码器(8421 BCD 码译码器)实现单 1 检测电路。

解:单 1 检测的函数式为

$$F = \overline{A}\,\overline{B}CD + \overline{A}B\overline{C}D + \overline{A}BC\overline{D} + AB\overline{C}\,\overline{D}$$
$$= m_1 + m_2 + m_4 + m_8$$
$$= \overline{\overline{m_1}\,\overline{m_2}\,\overline{m_4}\,\overline{m_8}}$$

单1检测电路如图 3.3.12 所示。

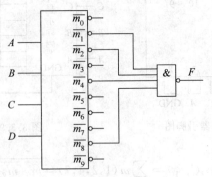

图 3.3.12 单1检测电路

3. 显示译码器的应用

在多个七段显示译码器显示字符时,通常不希望显示高位的0,例如,四位十进制显示时,数12应显示为12而不是0012,即要把高位的两个0消隐掉。具有此功能的译码显示电路如图 3.3.13 所示。

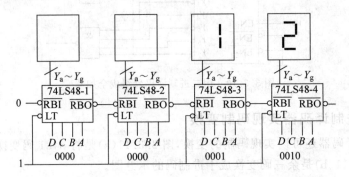

图 3.3.13 高位0消隐的四位译码显示电路

图 3.3.13 中高位动态灭零输出作为低位动态灭零输入。由于最高位动态灭零输入接低电平,74LS48-1 输入 $DCBA=0000$,显示熄灭,同时 74LS48-1 灭零输出 $\overline{RBO}=0$ 使 74LS48-2 处于动态灭零状态,74LS48-2 输入 $DCBA=0000$,显示也熄灭;虽然 74LS48-3 动态灭零输入也是低电平,但输入 $DCBA \neq 0000$,所以显示字符1,且动态灭零输出为高电平;74LS48-4 的 $\overline{RBI}=1$,显示字符2,若 74LS48-4 输入 $DCBA=0000$,则可以显示这个0。

图 3.3.14 给出了三位字符动态显示电路及相应的选通信号(ST),同一时间只有一个选通信号有效(高电平),输入 BCD 码数据线共用。$ST_1=1$,74LS48-1 译码器驱动对应显示器,其他两个译码器工作在消隐状态对应显示器熄灭,此时数据线输入个位显示字符的 BCD 码。$ST_2=1$,中间译码器工作,输入 $DCBA$ 应是百位显示字符的 BCD 码。以此类推,每个字符显示器只在相应 $ST=1$ 时点亮,这种工作方式称为动态扫描方式。

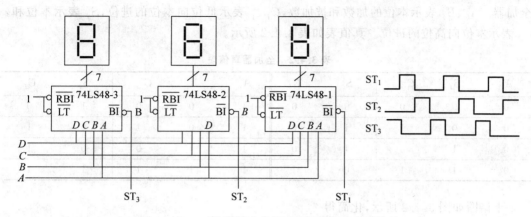

图 3.3.14 三位字符动态显示电路及相应选通信号

3.4 加法器及其应用

3.4.1 半加器和全加器

实现多位二进制数相加的电路称为加法器。

1. 半加器

能对两个1位二进制数进行相加而求得和及进位的逻辑电路称为半加器。A_i、B_i 分别表示本位的加数和被加数,S_i 表示本位和,C_i 表示本位向高位的进位。真值表如表 3.4.1 所示。半加器的逻辑图如图 3.4.1(a)所示,逻辑符号如图 3.4.1(b)所示。

表 3.4.1 半加器真值表

A_i	B_i	S_i	C_i
0	0	0	0
0	1	1	0
1	0	1	0
1	1	0	1

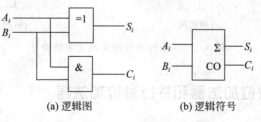

(a) 逻辑图　　　　　　(b) 逻辑符号

图 3.4.1 半加器的逻辑图和逻辑符号

半加器

全加器

2. 全加器

能对两个1位二进制数进行相加并考虑低位来的进位,求得和及进位的逻辑电路称为全加器。A_i、B_i 表示本位的加数和被加数，C_{i-1} 表示低位向本位的进位，S_i 表示本位和，C_i 表示本位向高位的进位。真值表如表 3.4.2 所示。

表 3.4.2 全加器真值表

A_i	B_i	C_{i-1}	S_i	C_i	A_i	B_i	C_{i-1}	S_i	C_i
0	0	0	0	0	1	0	0	1	0
0	0	1	1	0	1	0	1	0	1
0	1	0	1	0	1	1	0	0	1
0	1	1	0	1	1	1	1	1	1

卡诺图如图 3.4.2 所示，化简得

$$S_i = m_1 + m_2 + m_4 + m_7 = \overline{A_i}\,\overline{B_i}C_{i-1} + \overline{A_i}B_i\overline{C_{i-1}} + A_i\overline{B_i}\,\overline{C_{i-1}} + A_iB_iC_{i-1}$$

$$= \overline{A_i}(\overline{B_i}C_{i-1} + B_i\overline{C_{i-1}}) + A_i(\overline{B_i}\,\overline{C_{i-1}} + B_iC_{i-1})$$

$$= \overline{A_i}(B_i \oplus C_{i-1}) + A_i(\overline{B_i \oplus C_{i-1}}) = A_i \oplus B_i \oplus C_{i-1}$$

$$C_i = m_3 + m_5 + A_iB_i = \overline{A_i}B_iC_{i-1} + A_i\overline{B_i}C_{i-1} + A_iB_i$$

$$= (\overline{A_i}B_i + A_i\overline{B_i})C_{i-1} + A_iB_i = (A_i \oplus B_i)C_{i-1} + A_iB_i$$

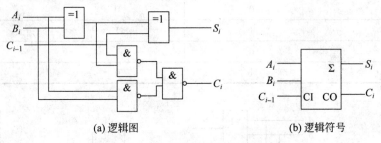

(a) S_i 的卡诺图   (b) C_i 的卡诺图

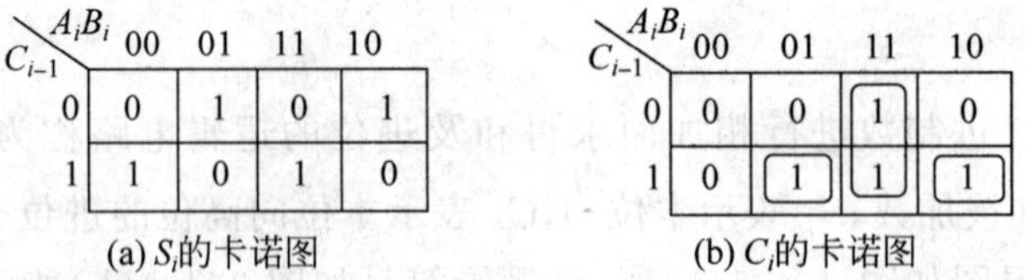

图 3.4.2 全加器的卡诺图

全加器的逻辑图如图 3.4.3(a)所示，逻辑符号如图 3.4.3(b)所示。

(a) 逻辑图   (b) 逻辑符号

图 3.4.3 全加器的逻辑图和逻辑符号

3.4.2 串行进位加法器和并行进位加法器

1. 串行进位加法器

1）电路构成

把 n 位全加器串联起来，低位全加器的进位输出连接到相邻高位全加器的进位输入。如图 3.4.4 所示是一个四位全加器的逻辑图。

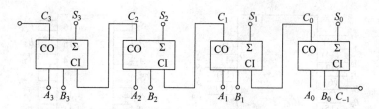

图 3.4.4 串行进位全加器的逻辑图

2) 特点

进位信号是由低位向高位逐级传递的,运算速度不高。

2. 并行进位加法器(超前进位加法器)

为了克服串行进位加法器运算速度比较慢的缺点,必须设法减少由于进位信号逐级传递所耗费的时间。解决办法是从进位信号的表达式入手。

超前进位加法器的设计思想是设法将低位进位输入信号 C_{i-1} 经判断直接送到输出端,以缩短中间传输路径,提高工作速度。在图 3.4.2(b)中,如将 m_3 和 m_7、m_5 和 m_7 分别都用卡诺圈圈起来,则进位信号表达式变换为下式:

$$C_i = A_i B_i + A_i C_{i-1} + B_i C_{i-1} = A_i B_i + (A_i + B_i)C_{i-1}$$

这样,只要 $A_i = B_i = 1$,或者 A_i 和 B_i 有一个为 1、$C_{i-1}=1$,则 $C_i=1$。将 $A_i B_i$ 用 G_i 表示,称为进位生成项;$A_i + B_i$ 用 P_i 表示,称为进位传递条件,则可将四位超前进位加法器的各位进位表示如下:

$$C_0 = G_0 + P_0 C_{0-1}$$
$$C_1 = G_1 + P_1 C_0 = G_1 + P_1 G_0 + P_1 P_0 C_{0-1}$$
$$C_2 = G_2 + P_2 C_1 = G_2 + P_2 G_1 + P_2 P_1 G_0 + P_2 P_1 P_0 C_{0-1}$$
$$C_3 = G_3 + P_3 C_2 = G_3 + P_3 G_2 + P_3 P_2 G_1 + P_3 P_2 P_1 G_0 + P_3 P_2 P_1 P_0 C_{0-1}$$

这样就实现了快速进位,其优点是不论位数多少,均保持在三级门的延迟。其缺点是产生进位信号的门的扇入随位数增加而迅速增加,为了使门的扇入不致太大,因此集成芯片的位数多为四位。

常用的超前进位加法器 TTL 芯片有 74LS283,它是四位二进制的加法器,其逻辑符号及引脚图如图 3.4.5 所示。

超前进位加法器 CMOS 芯片有 4008,它也是四位二进制的加法器,相关资料可以查阅集成电路手册。

3.4.3 加法器的应用

1. 加法器的级联

常用的超前进位加法器都是四位的,如要实现更多位的加法计算,就必须采用级联的方法,级联方法如图 3.4.6 所示。

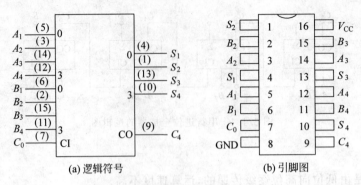

(a) 逻辑符号　　　　(b) 引脚图

图 3.4.5 超前进位加法器 74LS283

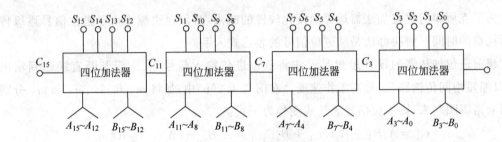

图 3.4.6 加法器的级联示意图

2. 8421 BCD 码转换为余三码

由于 8421 BCD 码加 0011 即为余三代码，用四位超前进位加法器实现转换的原理如图 3.4.7 所示。

3. 二进制并行加法/减法器

二进制并行加法/减法器电路如图 3.4.8 所示，当 $C_{-1}=0$ 时，$B\oplus 0=B$，电路执行 $A+B$ 运算；当 $C_{-1}=1$ 时，$B\oplus 1=\bar{B}$，电路执行 $A+\bar{B}=A-B$ 运算。

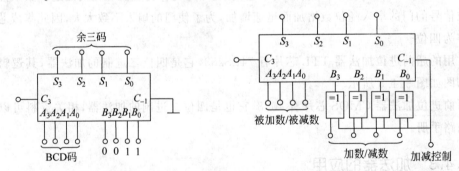

图 3.4.7　8421 BCD 码转换为余三码　　　图 3.4.8　二进制并行加法/减法器

除了以上之外，还可以用超前进位加法器来设计代码转换电路、二进制减法器、十进制加法器以及任意进制的加法器等。

3.5 数据选择器

数据选择器又称为多路选择器,是一种多个输入、一个输出的中规模器件,其输出的信号在某一时刻仅与输入端信号的一路信号相同,即从输入端信号选择一个输出。

数据选择器的逻辑功能是将多个数据源输入的数据有选择地送到公共输出通道,其功能示意图如图 3.5.1 所示。一般来说,数据选择器的数据输入端数 M 和数据选择端数 N 成 2^N 倍关系,数据选择端确定一个二进制码(或称为地址码),对应地址通道的输入数据被传送到输出端(公共通道)。常用的数据选择器有 2 选 1、4 选 1、8 选 1、16 选 1 等。

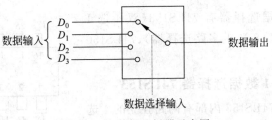

图 3.5.1 数据选择器示意图

3.5.1 4 选 1 数据选择器

4 选 1 数据选择器有 4 个数据输入端 $D_0 \sim D_3$,也称为数据通道;2 个数据选择端 A_1、A_0,又称为地址输入端,或称为选择输入端;1 个数据输出端 Y,另外附加 1 个使能(选通)端 $\overline{E}$,低电平有效。当 $\overline{E}=1$ 时,输出 $Y=0$,即无效;当 $\overline{E}=0$ 时,在地址输入 A_1、A_0 的控制下,从 $D_0 \sim D_3$ 中选择一路输出,4 选 1 数据选择器功能表如表 3.5.1。再由功能表可写出输出逻辑函数:

$$Y = \overline{E}\,\overline{A_1}\,\overline{A_0}D_0 + \overline{E}\,\overline{A_1}A_0D_1 + \overline{E}A_1\overline{A_0}D_2 + \overline{E}A_1A_0D_3$$
$$= \sum \overline{E}m_i D_i$$

由此可得逻辑图,如图 3.5.2 所示。4 选 1 MUX 逻辑符号如图 3.5.3 所示。

表 3.5.1 4 选 1 数据选择器功能表

$\overline{E}$	A_1	A_0	Y
1	×	×	0
0	0	0	D_0
0	0	1	D_1
0	1	0	D_2
0	1	1	D_3

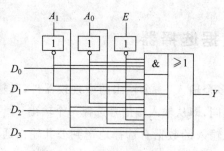
图 3.5.2　4 选 1 数据选择器逻辑图

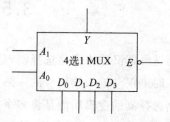
图 3.5.3　4 选 1 MUX 逻辑符号

3.5.2　集成数据选择器

常见的中规模数据选择器有 74LS153（双 4 选 1 多路选择器）、74LS151（8 选 1 多路选择器）、74LS150（16 选 1 多路选择器）。

1. 集成双 4 选 1 数据选择器 74LS153

集成数据选择器 74LS153 内部有两路独立的 4 选 1 开关，图 3.5.4 为 74LS153 的引脚图，选通控制端 $\overline{S}$ 为低电平有效，即 $\overline{S}=0$ 时芯片被选中，处于工作状态；$\overline{S}=1$ 时芯片被禁止，$Y=0$。真值表如表 3.5.2 所示。

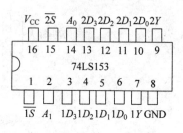
图 3.5.4　74LS153 引脚图

表 3.5.2　74LS153 的真值表

$\overline{1S}$	1D	A_1	A_0	1Y	$\overline{2S}$	2D	A_1	A_0	2Y
1	×	×	×	0	1	×	×	×	0
0	$1D_0$	0	0	$1D_0$	0	$2D_0$	0	0	$2D_0$
0	$1D_1$	0	1	$1D_1$	0	$2D_1$	0	1	$2D_1$
0	$1D_2$	1	0	$1D_2$	0	$2D_2$	1	0	$2D_2$
0	$1D_3$	1	1	$1D_3$	0	$2D_3$	1	1	$2D_3$

2. 集成 8 选 1 数据选择器 74LS151

74LS151 是具有 8 选 1 逻辑功能的 TTL 集成数据选择器，74LS151 真值表如表 3.5.3 所示。从表中可见，使能信号低电平有效，即 $\overline{E}=1$ 时，选择器被禁止，无论地址码是什么，Y 总是等于 0；$\overline{E}=0$ 时，选择器工作，由 A_2、A_1、A_0 控制 Y 的输出。

表 3.5.3　74LS151 的真值表

D	$\overline{E}$	A_2	A_1	A_0	Y	$\overline{Y}$
—	1	×	×	×	0	1
D_0	0	0	0	0	D_0	$\overline{D_0}$
D_1	0	0	0	1	D_1	$\overline{D_1}$
D_2	0	0	1	0	D_2	$\overline{D_2}$
D_3	0	0	1	1	D_3	$\overline{D_3}$

续表

D	$\overline{E}$	A_2	A_1	A_0	Y	$\overline{Y}$
D_4	0	1	0	0	D_4	$\overline{D_4}$
D_5	0	1	0	1	D_5	$\overline{D_5}$
D_6	0	1	1	0	D_6	$\overline{D_6}$
D_7	0	1	1	1	D_7	$\overline{D_7}$

根据真值表可得输出函数,是输入最小项与对应输入数据乘积的逻辑和:

$$Y = \sum \overline{\overline{E}} m_i D_i = \overline{\overline{E}} \sum m_i D_i$$

由逻辑表达式画出 74LS151 内部逻辑图,如图 3.5.5(a)所示,方框图及符号图如图 3.5.5(b)和(c)所示。8 选 1 MUX 逻辑符号如图 3.5.6 所示。

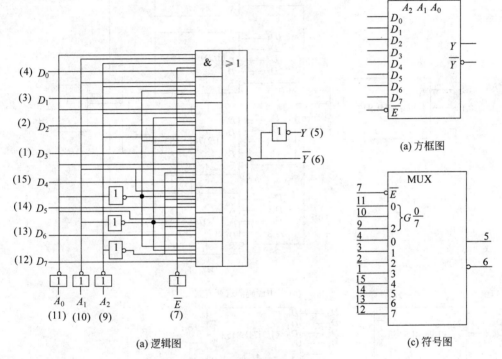

图 3.5.5　8 选 1 数据选择器 74LS151

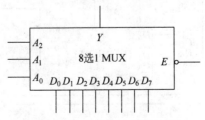

图 3.5.6　8 选 1 MUX 逻辑符号

3. 数据选择器的扩展

在有些场合需要扩展数据选择器的数据输入端数目,例如用双 4 选 1 数据选择器 74LS153 实现 16 选 1 数据选择器功能。此时,有 16 个输入数据($D_0 \sim D_{15}$)需要 4 个 4 选 1 数据选择器以形成 16 个数据通道,需要 4 个数据选择信号,即 4 位地址($A_0 \sim A_3$)以确定哪个数据输出。图 3.5.7 中给出了用 4 选 1 数据选择器实现 16 选 1 数据选择器的两种方案。

第一种方案,如图 3.5.7(a)所示,是将 A_1A_0 作为公共数选信号以确定 4 选 1 数据选择器的输出数据,A_3A_2 则作为确定哪个数据选择器工作的使能信号(选择数据选择器的选通信号)。A_3A_2 经 2 线-4 线译码器译码后选通数据选择器,4 个输出中只有一个输出有效,4 个数据选择器的输出数据经或门组合后输出。

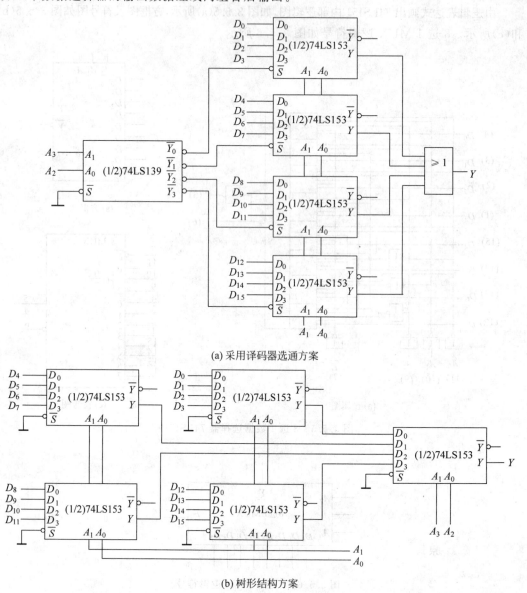

(a) 采用译码器选通方案

(b) 树形结构方案

图 3.5.7 数据选择器扩展应用

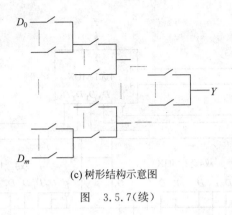

(c) 树形结构示意图

图 3.5.7(续)

第二种方案,如图 3.5.7(b)所示,也是将 A_1A_0 作为公共地址信号以确定 4 选 1 数据选择器的输出数据,每一个数据选择器都处于使能状态,并输出各自的有效数据。但是这些输出数据要再经过一个 4 选 1 数据选择器选择输出,A_3A_2 则作为这个选择数据选择器的地址信号,输出由 4 位地址确定的数据。这种电路结构称为树形结构,如图 3.5.7(c)所示,采用树形结构可以方便地构建 2^n 选一的数据选择器。和前一方案比较,显然,树形结构方案要比前一方案简单。

(1) 利用使能端进行扩展。图 3.5.8 是将双 4 选 1 MUX 扩展为 8 选 1 MUX 的逻辑图。其中 A_2 是 8 选 1 MUX 地址端的最高位,A_0 是最低位。

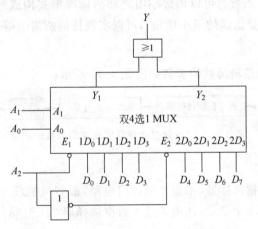

图 3.5.8 双 4 选 1 MUX 实现 8 选 1 MUX

(2) 树形扩展。通过 MUX 的级联用 2^n+1 个 2^n 选 1 的 MUX 可以扩展为 $(2n)^2$ 选 1 的 MUX。例如,$n=2$,即可用 5 个 4 选 1 MUX 实现 16 选 1 MUX,如图 3.5.9 所示。

3.5.3 用数据选择器实现组合逻辑函数

1. 基本原理

数据选择器的主要特点如下。
(1) 具有标准与或表达式的形式。即

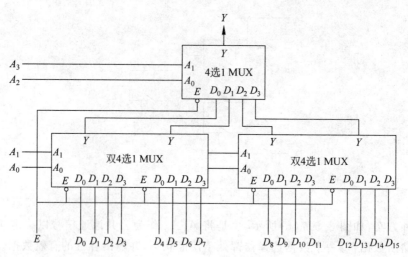

图 3.5.9　5 个 4 选 1 MUX 实现 16 选 1 MUX

$$Y = \sum_{i=0}^{2^n-1} D_i m_i$$

(2) 提供了地址变量的全部最小项。

(3) 一般情况下，D_i 可以当作一个变量处理。

因为任何组合逻辑函数总可以用最小项之和的标准形式构成。所以，利用数据选择器的输入 D_i 选择地址变量组成的最小项 m_i，可以实现任何所需的组合逻辑函数。

2. 基本步骤

用数据选择器实现逻辑函数的步骤如图 3.5.10 所示。

逻辑函数 → 确定数据选择器 → 确定地址变量 → 求 D_i → 画连线图

图 3.5.10　用数据选择器实现逻辑函数的步骤

1) 确定数据选择器

n 个地址变量的数据选择器，不需要增加门电路，最多可实现 $n+1$ 个变量的函数。如 $F = \overline{A}BC + \overline{A}B\overline{C} + AB$，3 个变量，选用 4 选 1 数据选择器 74LS153。

2) 确定地址变量

74LS153 有两个地址变量：$A_1 = A$、$A_0 = B$。

3) 求 D_i

(1) 公式法

函数的标准与或表达式为

$$F = \overline{A}BC + \overline{A}B\overline{C} + AB$$
$$= m_0 C + m_1 \overline{C} + m_2 \cdot 0 + m_3 \cdot 1$$

4 选 1 数据选择器输出信号的表达式为

$$Y = m_0 D_0 + m_1 D_1 + m_2 D_2 + m_3 D_3$$

比较 F 和 Y，得

$$D_0 = C \quad D_1 = \overline{C} \quad D_2 = 0 \quad D_3 = 1$$

(2) 真值表法

列出函数的真值表,如表 3.5.4 所示,由表可知,$C=1$ 时 $F=1$,故 $D_0=C$;$C=0$ 时 $F=1$,故 $D_1=\overline{C}$;$F=0$,故 $D_2=0$;$F=1$,故 $D_3=1$。

表 3.5.4 真值表

m_i	A	B	C	F	m_i	A	B	C	F
m_0	0	0	0	0	m_2	1	0	0	0
	0	0	1	1		1	0	1	0
m_1	0	1	0	0	m_3	1	1	0	1
	0	1	1	0		1	1	1	1

(3) 图形法

画出卡诺图,如图 3.5.11 所示。显然只要 D_i 为 1,F 就为 1,则可得

$$D_0 = C \quad D_1 = \overline{C} \quad D_2 = 0 \quad D_3 = 1$$

画连线图如图 3.5.12 所示。

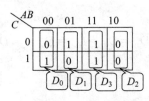

图 3.5.11 卡诺图

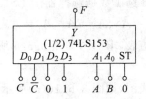

图 3.5.12 连线图

例 3.5.1 用数据选择器实现函数 $F(A,B,C,D) = \sum m(0,3,4,5,9,10,11,12,13)$。

解:(1) 选用 8 选 1 数据选择器 74LS151。

(2) 设 $A_2 = A$、$A_1 = B$、$A_0 = C$。

(3) 求 D_i,如图 3.5.13 所示。

(4) 画连线图,如图 3.5.14 所示。

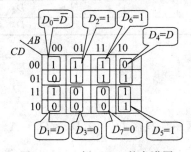

图 3.5.13 例 3.5.1 的卡诺图

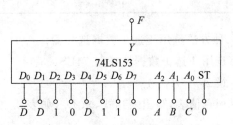

图 3.5.14 例 3.5.1 的连线图

例 3.5.2 用四选一数据选择器实现二变量异或表示式。

解:二变量异或表示式为

$$Y = A_1\overline{A_0} + \overline{A_1}A_0$$

(1) 选用 4 选 1 数据选择器 74LS153。

(2) 设 $A_1 = A_1$、$A_0 = A_0$。

(3) 列真值表，求 D_i，如表 3.5.5 所示。

(4) 画连线图，如图 3.5.15 所示。

表 3.5.5 真值表

A_1	A_0	F	A_i
0	0	0	D_0
0	1	1	D_1
1	0	1	D_2
1	1	0	D_3

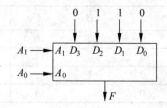

图 3.5.15 例 3.5.2 的连线图

例 3.5.3 用数据选择器实现三变量多数表决器。

解：用两种方法实现三变量多数表决器。

第一种方法选用 8 选 1 数据选择器。

(1) 选用 8 选 1 数据选择器 74LS151。

(2) 设 $A_2 = A_2$、$A_1 = A_1$、$A_0 = A_0$。

(3) 列真值表，求 D_i，如表 3.5.6 所示。只需 $D_0 = D_1 = D_2 = D_4 = 0$，$D_3 = D_5 = D_6 = D_7 = 1$ 即可。

(4) 画连线图，如图 3.5.16(a)所示。

表 3.5.6 真值表

A_2	A_1	A_0	F	D_i
0	0	0	0	D_0
0	0	1	0	D_1
0	1	0	0	D_2
0	1	1	1	D_3
1	0	0	0	D_4
1	0	1	1	D_5
1	1	0	1	D_6
1	1	1	1	D_7

第二种方法选用 4 选 1 数据选择器。

(1) 选用 4 选 1 数据选择器 74LS153。

(2) 设 $A_1 = A_1$、$A_0 = A_0$。

(3) 列真值表，写出表达式，求 D_i，如表 3.5.6 所示。只需 $D_0 = 0$，$D_1 = D_2 = A_0$，$D_3 = 1$ 即可。

(4) 画连线图，如图 3.5.16(b)所示。

由公式确定 D_i 如下：

$$F = \overline{A_2}A_1A_0 + A_2\overline{A_1}A_0 + A_2A_1\overline{A_0} + A_2A_1A_0$$

$$= \overline{A_2}A_1A_0 + A_2\overline{A_1}A_0 + A_2A_1(\overline{A_0}+A_0)$$

与 4 选 1 方程对比：
$$F' = \overline{A_2}\,\overline{A_1}D_0 + \overline{A_2}A_1D_1 + A_2\overline{A_1}D_2 + A_2A_1D_3$$

为使 $F'=F$，则令 $D_0=0, D_1=D_2=A_0, D_3=1$。

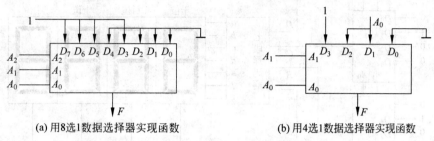

(a) 用8选1数据选择器实现函数　　　　(b) 用4选1数据选择器实现函数

图 3.5.16　例 3.5.3 的连线图

例 3.5.4　运用数据选择器产生 01101001 序列。

解：(1) 选用 8 选 1 数据选择器 74LS151。

(2) 设 $A_2=A$、$A_1=B$、$A_0=C$。

(3) 求 D_i，只需 $D_0=D_3=D_5=D_6=0, D_1=D_2=D_4=D_7=1$ 即可产生 01101001 序列。

(4) 画连线图，如图 3.5.17(a) 所示，序列信号图如图 3.5.17(b) 所示。

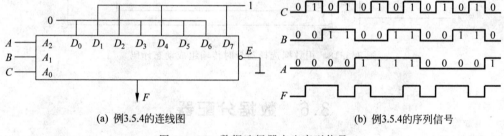

(a) 例3.5.4的连线图　　　　　　　　(b) 例3.5.4的序列信号

图 3.5.17　数据选择器产生序列信号

例 3.5.5　利用数据选择器实现分时传输。要求用数据选择器分时传送四位 8421 BCD 码，并译码显示。

解：一个数码管需要一个七段译码显示器。利用数据选择器组成动态显示，这样若干个数码管可共用一片七段译码显示器。

用 4 片 4 选 1，4 位 8421 BCD 如下连接：个位全送至数据选择器的 D_0 位、十位送 D_1、百位送 D_2、千位送 D_3。当地址码为 00 时，数据选择器传送的是 8421 BCD 的个位。当地址码为 01、10、11 时分别传送十位、百位、千位。经译码后就分别得到个位、十位、百位、千位的七段码。哪一个数码管亮，受地址码经 2 线-4 线译码器的输出控制。当 $A_1A_0=00$ 时，$Y_0=0$，则个位数码管亮。其他以此类推为十位、百位、千位数码管亮。逻辑图如图 3.5.18 所示。

如当 $A_1A_0=00$ 时，$DCBA=1001$，译码器 $Y_0=0$，则个位显示 9。同理，当 $A_1A_0=01$ 时，$DCBA=0111$，$Y_1=0$，十位显示 7。$A_1A_0=10$ 时，$DCBA=0000$，$Y_2=0$，百位显示 0。$A_1A_0=11$ 时，$DCBA=0011$，$Y_3=0$，千位显示 3。只要地址变量变化周期大于 25 次/s，人的眼睛就无明显闪烁感。

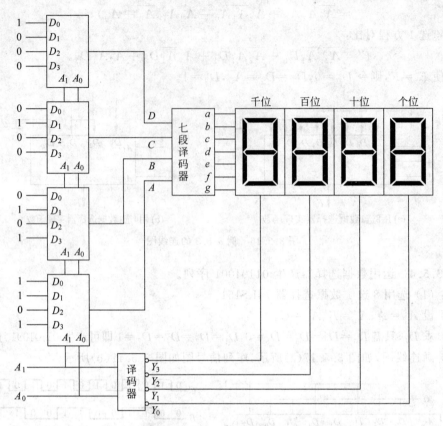

图 3.5.18 用数据选择器分时传输组成动态译码

3.6 数据分配器

数据分配是指信号源输入的二进制数据按需要分配到不同的输出通道,如图 3.6.1 所示,实现这种逻辑功能的组合逻辑器件称为数据分配器。$M(2^N)$ 条输出通道需要 N 位二进制信号来选择,称为 N 位地址信号。

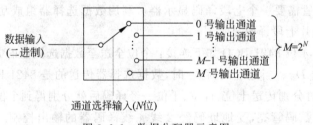

图 3.6.1 数据分配器示意图

3.6.1 1 线-4 线数据分配器

1 线-4 线数据分配器的逻辑功能是将 1 个输入数据传送到 4 个输出端中的 1 个输出端,至于选择哪一个,由 2 位选择控制信号确定。

表 3.6.1 为 1 线-4 线数据分配器真值表，D 为输入数据，A_1A_0 为地址变量，由地址码地址决定将输入数据 D 送给哪一路输出。

表 3.6.1 数据分配器的真值表

输入			输出			
	A_1	A_0	Y_0	Y_1	Y_2	Y_3
D	0	0	D	0	0	0
	0	1	0	D	0	0
	1	0	0	0	D	0
	1	1	0	0	0	D

由真值表可得逻辑表达式为

$$Y_0 = D\overline{A_1}\,\overline{A_0} \quad Y_1 = D\overline{A_1}A_0 \quad Y_2 = DA_1\overline{A_0} \quad Y_3 = DA_1A_0$$

画出逻辑图如图 3.6.2 所示。逻辑符号如图 3.6.3 所示。

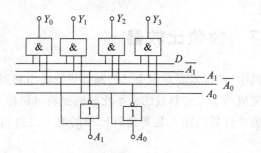

图 3.6.2 数据分配器的逻辑图　　　图 3.6.3 数据分配器的逻辑符号

3.6.2 集成数据分配器及其应用

1. 由 74LS138 构成的 1 线-8 线数据分配器

把二进制译码器的使能端作为数据输入端，二进制代码输入端作为地址码输入端，则带使能端的二进制译码器就是数据分配器。

由 74LS138 构成的 1 线-8 线数据分配器如图 3.6.4 所示。其中，D 为数据输入端；A_2、A_1、A_0 为地址输入端。

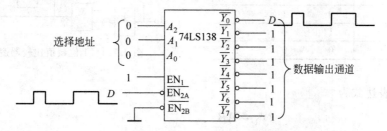

图 3.6.4 74LS138 用作为数据分配器

2. 数据分时传送系统

数据分配器和数据选择器一起构成数据分时传送系统，连线图如图3.6.5所示。

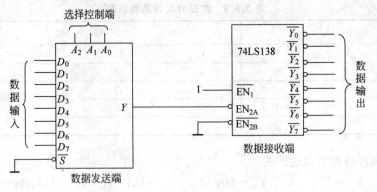

图 3.6.5　数据分时传送系统

3.7　数值比较器

在各种数字系统尤其是在计算机中，经常需要对两个二进制数进行大小判别，然后根据判别结果转向执行某种操作。用来完成两个二进制数的大小比较的逻辑电路称为数值比较器，简称比较器。在数字电路中，数值比较器的输入是要进行比较的两个二进制数，输出是比较的结果。

3.7.1　1位数值比较器

设1位数值比较器的输入为 A、B 两个二进制数，则其输出的比较结果可能有三种状态。即当 $A>B$ 时，$Y_1=1,Y_2=0,Y_3=0$；当 $A<B$ 时，$Y_1=0,Y_2=1,Y_3=0$；当 $A=B$ 时，$Y_1=0,Y_2=0,Y_3=1$。由此可以得1位数值比较器的真值表，如表3.7.1所示，根据真值表列出逻辑表达式，画出逻辑图如图3.7.1所示。

表 3.7.1　1位数值比较器真值表

A	B	Y_1	Y_2	Y_3
0	0	0	0	1
0	1	0	1	0
1	0	1	0	0
1	1	0	0	1

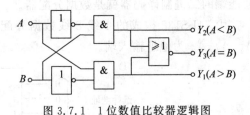

图 3.7.1　1位数值比较器逻辑图

其逻辑表达式为

$$\begin{cases} Y_1 = A\bar{B} \\ Y_2 = \bar{A}B \\ Y_3 = \overline{Y_1+Y_2} = \overline{A\bar{B}+\bar{A}B} \end{cases}$$

3.7.2 4位数值比较器

用来完成两个4位二进制数的大小比较的逻辑电路称为4位数值比较器。比较运算从最高位开始,最高位大的数其值大,若最高位相等,再比较次高位,这样直到最低位,总能比较出两个数的大小。

输入$A_3 \sim A_0$和$B_3 \sim B_0$是要比较的两个4位二进制数,输入$I_{A<B}$、$I_{A>B}$、$I_{A=B}$是低位器的比较结果,也叫作级联输入。4位数值比较器的真值表见表3.7.2。4位数值比较器74LS85引脚图如图3.7.2所示。

表 3.7.2 4 位数值比较器真值表

比较输入								级联输入			输出		
A_3	B_3	A_2	B_2	A_1	B_1	A_0	B_0	$I_{A>B}$	$I_{A<B}$	$I_{A=B}$	$F_{A>B}$	$F_{A<B}$	$F_{A=B}$
$A_3>B_3$		×		×		×		×	×	×	1	0	0
$A_3<B_3$		×		×		×		×	×	×	0	1	0
$A_3=B_3$		$A_2>B_2$		×		×		×	×	×	1	0	0
$A_3=B_3$		$A_2<B_2$		×		×		×	×	×	0	1	0
$A_3=B_3$		$A_2=B_2$		$A_1>B_1$		×		×	×	×	1	0	0
$A_3=B_3$		$A_2=B_2$		$A_1<B_1$		×		×	×	×	0	1	0
$A_3=B_3$		$A_2=B_2$		$A_1=B_1$		$A_0>B_0$		×	×	×	1	0	0
$A_3=B_3$		$A_2=B_2$		$A_1=B_1$		$A_0<B_0$		×	×	×	0	1	0
$A_3=B_3$		$A_2=B_2$		$A_1=B_1$		$A_0=B_0$		1	0	0	1	0	0
$A_3=B_3$		$A_2=B_2$		$A_1=B_1$		$A_0=B_0$		0	1	0	0	1	0
$A_3=B_3$		$A_2=B_2$		$A_1=B_1$		$A_0=B_0$		0	0	1	0	0	1

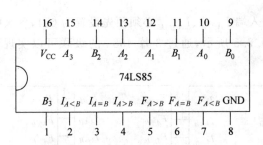

图 3.7.2 4 位数值比较器 74LS85 引脚图

3.7.3 数值比较器的位数扩展

常用的数值比较器有74LS85(TTL)和4585(CMOS)两种,它们都是4位数值比较器。在工程中要实现更多位二进制数的比较,就必须利用集成数值比较器的级联输入端,构成更多位数的数值比较器,将这种方法称为数值比较器的位数扩展。数值比较器的扩展方式有串联和并联两种。

1. 串联扩展

串联方式扩展。例如,将两片 4 位比较器扩展为 8 位比较器。可以将两片芯片串联连接,即将低位芯片的输出端 $F_{A>B}$、$F_{A<B}$ 和 $F_{A=B}$ 分别去接高位芯片级联输入端的 $I_{A>B}$、$I_{A<B}$ 和 $I_{A=B}$,如图 3.7.3 所示。这样,当高 4 位都相等时,就可由低 4 位来决定两数的大小。

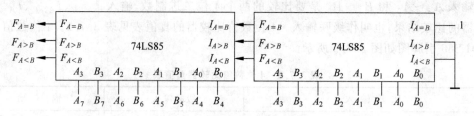

图 3.7.3 4 位比较器扩展为 8 位比较器

1) TTL 电路

最低 4 位的级联输入端 $I_{A>B}$、$I_{A<B}$、$I_{A=B}$ 必须预先设置为 0、0、1,如图 3.7.4 所示,通过 3 片 74LS85 的级联可以实现两个 12 位二进制数的比较。

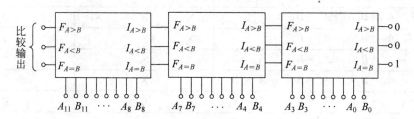

图 3.7.4 TTL 型比较器串联扩展

2) CMOS 电路

最低 4 位的级联输入端 $I_{A<B}$、$I_{A=B}$ 必须预先设置为 0、1,各级的级联输入端 $I_{A>B}$ 必须预先设置为 1,如图 3.7.5 所示,通过 3 片 4585 的级联可以实现两个 12 位二进制数的比较。

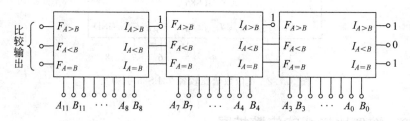

图 3.7.5 CMOS 型比较器串联扩展

2. 并联扩展

每片集成比较器的级联输入端 $I_{A>B}$、$I_{A<B}$、$I_{A=B}$ 必须预先设置为 0、0、1,如图 3.7.6 所示,通过 5 片集成比较器的级联可以实现两个 16 位二进制数的比较。

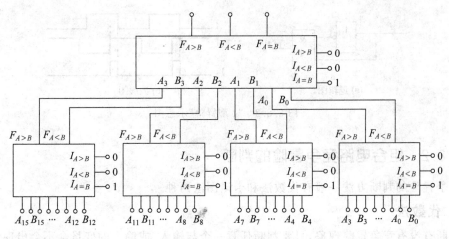

图 3.7.6 比较器并联扩展

3.8 组合电路中的竞争冒险

3.8.1 产生竞争冒险的原因

前面在对组合逻辑电路进行分析及设计时,都是针对器件处于稳定的工作状态进行讨论的,而没有考虑信号在传输过程中的延迟,即都是按理想情况进行讨论的。为了保证电路工作的稳定性及可靠性,必须考虑信号的延迟对组合逻辑电路输出的影响。

实际上,信号通过门电路甚至是导线都会产生延迟。其结果是在输出端可能会出现不正常的干扰信号,使电路产生错误的输出,这种现象称为"竞争冒险"或"过度噪声"。

如图 3.8.1(a)所示为一个非门和或门构成的电路,当电路稳定时其输出 $Y_1=1$,而在输入一个脉冲方波时输出的情况可能会是什么样的呢?

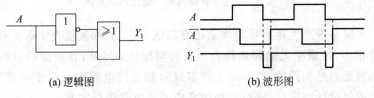

(a) 逻辑图　　　　　　　　(b) 波形图

图 3.8.1 "0 型冒险"示意图

如图 3.8.1(b)所示给出了其输入与输出的波形,Y_1 的波形为输出波形,从图上可以看出,由于非门的延迟作用,使其输出不是固定为 1,而是有一段较短时间内为 0,出现竞争冒险现象,将这种输出瞬时出现 0 的错误称为"0 型冒险"。

假如电路如图 3.8.2(a)所示,则考虑有延迟波形如图 3.8.2(b)所示,在这种情况下输出端出现瞬时为 1 的错误,称为"1 型冒险"。

从上面的例子可以看出,如果一个门电路的两个输入信号,一个由 0 到 1 变化,另一个由 1 到 0 变化,且这两个信号的变化存在时差,这个门电路的输出就有可能产生竞争冒险。

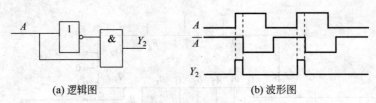

图 3.8.2 "1 型冒险"示意图

3.8.2 组合电路竞争冒险的判断

竞争冒险的判断方法一般有代数法和卡诺图法两种。

1. 代数法

判断有没有竞争冒险现象,只要判断任意一个与输入、或输入的变量会不会出现两个变量相反或两个输入相同但经过的路径不同的情况,如果满足上面的情况,则可能存在竞争冒险现象。

2. 卡诺图法

利用卡诺图法进行判断的规则为:观察卡诺图中是否有两个圈相切但不相交,而又无第三个卡诺圈将它们交在一起,则有可能产生竞争冒险现象。逻辑图如图 3.8.3(a)所示,画出卡诺图,很显然图 3.8.3(b)中两个圈只相切不相交,且无第三个卡诺圈将它们交在一起,故其可能存在竞争冒险现象。

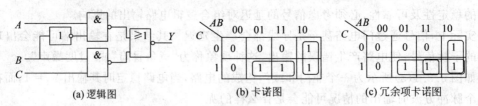

图 3.8.3 竞争冒险判断卡诺法图示意图

检查逻辑电路是否产生竞争冒险现象还有其他方法,如列表检查法等。然而,竞争冒险出现的可能性很多,很难毫无遗漏地检查出各种可能性;另外,在前面的分析中,我们都假设每个门电路的延迟是相同的,而实际上许多冒险都是门电路的延迟不一致引起的。所以根本的方法是逻辑设计完成后,进行实物仿真或装成电路进行实测。

3. 消除竞争冒险的方法

1) 冗余项法

如图 3.8.3(b)所示的逻辑表达式为

$$Y = A\bar{B} + BC$$

现用第三个卡诺圈将它们交在一起,如图 3.8.3(c)所示。其输出逻辑并不受影响,但可以消除竞争冒险。其冗余项为 AC,即第三个卡诺圈对应的逻辑项。由图 3.8.3(c)写出的逻辑表达式为

$$Y = A\bar{B} + BC + AC$$

从对上图情况的讨论,就已经知道该冗余项是如何加上去的。实际上是将卡诺图相切

的部分增加一个圈,该圈对应的项即为冗余项。增加冗余项后的逻辑图不难画出。

2) 选通法

可以在电路上加上一个选通信号,当输入信号变化时,输出端与电路断开,当输入稳定后,选通信号才工作,保证输入信号间的变化在输出端无时差,达到消除竞争冒险的目的。

3) 滤波法

从实际的竞争冒险的波形上可以看出,其输出的波形宽度非常窄,可以在输出端加上一个 RC 积分电路把尖脉冲抑制掉。

实验 3 加法器实验

1. 实验目的

(1) 了解集成电路与或非门 74LS54 的结构。
(2) 验证半加器、全加器的逻辑功能。
(3) 掌握二进制的运算规律。

2. 实验仪器及元器件

(1) THD-1 数字电路实验箱 1 台。
(2) 数字集成电路 74LS54、74LS86、74LS00 各 1 块。

3. 实验原理

1) 集成逻辑门结构

在实验 2 中,我们已经了解了 TTL 数字集成电路 74LS00 和 74LS86 的逻辑功能和引脚排列,74LS54 是集成 2-3-3-2 输入与或非门电路,其内部是一个 4 路 2-3-3-2 输入与或非门,其逻辑功能为 $Y=\overline{AB+CDE+FGH+IJ}$。74LS54 的内部结构与引脚排列如实验图 3.3.1 所示。

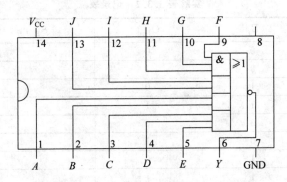

实验图 3.3.1 74LS54 内部结构与引脚排列

2) 半加器

半加器是两个一位二进制数相加的电路。本位和为 $S_i=A_i \oplus B_i$;进位为 $C_i=A_i B_i$;逻辑电路如实验图 3.3.2 所示。

3) 全加器

全加器是两个一位二进制数和低位的进位相加的电路;本位和为 $S_i=A_i \oplus B_i \oplus$

C_{i-1}；进位 $C_i = A_i \oplus B_i \cdot C_{i-1} + A_i \cdot B_i$；逻辑电路如实验图 3.3.3 所示。

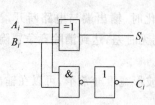

实验图 3.3.2　半加器逻辑电路

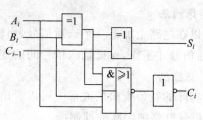

实验图 3.3.3　全加器逻辑电路

4. 实验内容及步骤

1) 半加器

按实验图 3.3.2 连线，输入端 A_i、B_i 分别接逻辑开关，输出端 S_i、C_i 接逻辑指示灯。按实验表 3.3.1 依次序完成实验，并记录于表中。

实验表 3.3.1　记录表

A_i	B_i	S_i	C_i
0	0		
0	1		
1	0		
1	1		

2) 全加器

按实验图 3.3.3 连线，输入端 A_i、B_i、C_{i-1} 分别接逻辑开关，输出端 S_i、C_i 接逻辑指示灯。按实验表 3.3.2 依次序完成实验，并记录于表中。

实验表 3.3.2　记录表

A_i	B_i	C_{i-1}	S_i	C_i
0	0	0		
0	0	1		
0	1	0		
0	1	1		
1	0	0		
1	0	1		
1	1	0		
1	1	1		

5. 实验报告要求

(1) 如实记录本次实验所得各种数据，并分别验证半加器和全加器的逻辑功能。

(2) 在连接全加器电路时，集成与或非门 74LS54 的输入端并未全部利用上，对于 74LS54 的多余输入端应该如何处理？和与非门的多余输入端处理方法是否一样？为什么？

(3) 用与非门设计半加器并验证。

实验 4 集成译码器及应用实验

1. 实验目的
(1) 了解集成译码器 74LS138 的结构。
(2) 验证集成译码器 74LS138 的逻辑功能。
(3) 掌握用集成译码器 74LS138 组成一般组合逻辑电路的方法。

2. 实验仪器及元器件
(1) THD-1 数字电路实验箱 1 台。
(2) 数字集成电路 74LS138、74LS20(T063)各 1 块。

3. 实验原理

1) 集成译码器 74LS138 结构

74LS138 是集成 3 线-8 线译码器,其引脚排列和逻辑功能框图如实验图 3.4.1 所示。

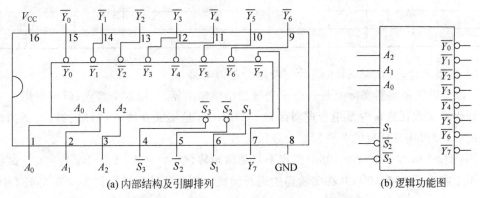

实验图 3.4.1 集成译码器 74LS138 内部结构及引脚排列与逻辑功能图

2) 集成 2 线-4 线输入与非门 74LS20(T063)结构与逻辑功能

74LS20(T063)是集成 2 线-4 线输入与非门电路,由两个完全相同的 4 输入端与非门组成,其内部结构如实验图 3.4.2 所示,其中的 NC 表示空脚。每一个与非门的逻辑功能均为 $Y = \overline{ABCD}$。

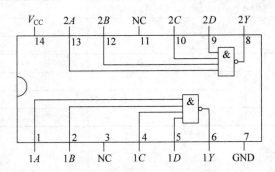

实验图 3.4.2 集成逻辑门 74LS20(T063)内部结构与引脚排列

4. 实验内容及步骤

1) 集成译码器 74LS138 逻辑功能验证

将 74LS138 的 4、5 脚接地,6 脚接高电平。用导线将 74LS138 的 3 个输入端 A_2、A_1、A_0 分别与 3 个逻辑输入开关连接,输出端 $\overline{Y_0} \sim \overline{Y_7}$ 分别与 8 个逻辑指示灯相连。按实验表 3.4.1 依次改变输入信号,将观察到的结果填入表中。

实验表 3.4.1 记录表

输入			输出							
A_2	A_1	A_0	$\overline{Y_0}$	$\overline{Y_1}$	$\overline{Y_2}$	$\overline{Y_3}$	$\overline{Y_4}$	$\overline{Y_5}$	$\overline{Y_6}$	$\overline{Y_7}$
0	0	0								
0	0	1								
0	1	0								
0	1	1								
1	0	0								
1	0	1								
1	1	0								
1	1	1								

2) 用集成译码器 74LS138 设计一般组合逻辑电路

n 位二进制译码器实际上是一个 n 变量最小项输出器,利用这个特点,就可以用 n 位二进制译码器实现任意 n 变量组合逻辑函数。74LS138 是集成 3 线-8 线译码器,与适当的门电路配合,即可实现任意的 3 变量组合逻辑函数。

用 74LS138 和 74LS20(T063)实现下列逻辑函数,令 $A_2=A$、$A_1=B$、$A_0=C$。试将逻辑图画于实验图 3.4.3 中,并在实验箱中进行验证。将验证结果填写到实验表 3.4.2 中。

$$F_1 = \overline{A}C + A\overline{B} \quad F_2 = AB + BC$$

实验表 3.4.2 记录表

输入			输出	
A_2	A_1	A_0	F_1	F_2
0	0	0		
0	0	1		
0	1	0		
0	1	1		
1	0	0		
1	0	1		
1	1	0		
1	1	1		

5. 实验报告要求

(1) 如实记录本次实验所得各种数据,并分别验证实验表 3.4.1 和实验表 3.4.2 的所得数据与设定逻辑功能是否相同?

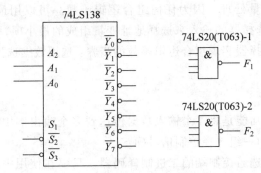

实验图 3.4.3　用二进制译码器实现任意组合逻辑函数

(2) 用 74LS138 和合适的与非门设计一个全加器。

小　结

1. 组合逻辑电路的分析与设计

组合电路的特点：在任何时刻的输出只取决于当时的输入信号，而与电路原来所处的状态无关，实现组合电路的基础是逻辑代数和门电路。

组合电路的逻辑功能可用逻辑图、真值表、逻辑表达式、卡诺图和波形图 5 种方法描述，它们在本质上是相通的，可以互相转换。

组合电路的分析步骤：逻辑图→写出逻辑表达式→逻辑表达式化简→列出真值表→逻辑功能描述。

组合电路的设计步骤：列出真值表→写出逻辑表达式或画出卡诺图→逻辑表达式化简和变换→画出逻辑图。

在许多情况下，如果用中、大规模集成电路来实现组合函数，可以取得事半功倍的效果。

2. 编码器

用二进制代码表示特定对象的过程称为编码；实现编码操作的电路称为编码器。

编码器分二进制编码器和二-十进制编码器，集成二进制编码器和集成二-十进制编码器均采用优先编码方案。

3. 译码器

把代码状态的特定含义翻译出来的过程称为译码，实现译码操作的电路称为译码器。

译码器分二进制译码器、二-十进制译码器及显示译码器，各种译码器的工作原理类似，设计方法也大致相同。

二进制译码器能产生输入变量的全部最小项，而任一组合逻辑函数总能表示成最小项之和的形式，所以，由二进制译码器加上或门即可实现任何组合逻辑函数。

4. 数据选择器

数据选择器是能够从来自不同地址的多路数字信息中任意选出所需要的一路信息作为输出的组合电路，至于选择哪一路数据输出，则完全由当时的选择控制信号决定。

数据选择器具有标准与或表达式的形式，提供了地址变量的全部最小项，并且一般情况下，D_i 可以当作一个变量处理。因为任何组合逻辑函数总可以用最小项之和的标准形式构成。所以，利用数据选择器的输入来选择地址变量组成的最小项，可以实现任何所需的组合逻辑函数。用数据选择器实现组合逻辑函数的步骤：选用数据选择器确定地址变量求画 D_i 连线图。

5．数据分配器

数据分配器的逻辑功能是将 1 个输入数据传达到多个输出端中的 1 个输出端，具体传送到哪一个输出端，是由一组选择控制信号确定。

数据分配器就是带选通控制端的二进制译码器。只要在使用中，把二进制译码器的选通控制端当作数据输入端，二进制代码输入端当作选择控制端就可以了。

数据分配器经常和数据选择器一起构成数据传送系统。其主要特点是可以用很少几根线实现多路数字信息的分时传送。

6．加法器

能对两个 1 位二进制数进行相加而求得和及进位的逻辑电路称为半加器。

能对两个 1 位二进制数进行相加并考虑低位来的进位，即相当于 3 个 1 位二进制数的相加，求得和及进位的逻辑电路称为全加器。

实现多位二进制数相加的电路称为加法器。按照进位方式的不同，加法器分为串行进位加法器和超前进位加法器两种。串行进位加法器电路简单，但运算速度较慢；超前进位加法器运算速度较快，但电路复杂。

加法器除用来实现两个二进制数相加外，还可以用来设计代码转换电路、二进制减法器和十进制加法器等。

7．数值比较器

用来完成两个二进制数大小比较的逻辑电路称为数值比较器，简称比较器。在数字电路中，数值比较器的输入是要进行比较的两个二进制数，输出是比较的结果。

利用集成数值比较器的级联输入端，很容易构成更多位数的数值比较器。数值比较器的扩展方式有串联和并联两种。扩展时需注意 TTL 电路与 CMOS 电路在连接方式上的区别。

习　　题

一、选择题

1．在数字电路中，电路任一时刻的输出状态只决定于该时刻各输入的状态，这类逻辑电路称作（　　）。
　　　A．计数器电路　　　B．触发器电路　　　C．组合逻辑电路　　　D．时序逻辑电路
2．组合逻辑电路中，输出到前级的输入之间（　　）反馈通路。
　　　A．无　　　　　　　B．有　　　　　　　C．可有可无
3．数字电路常见的两种分类是（　　）。
　　　A．组合逻辑电路和触发器　　　　　　　B．时序逻辑电路和触发器
　　　C．组合逻辑电路和时序逻辑电路　　　　D．组合逻辑电路和计数器

4. 进行组合逻辑电路设计时,首先要做的是下面(　　)项。
   A. 根据题意列出真值表
   B. 对给定的实际问题进行逻辑抽象,确定输入、输出变量,并分别进行状态赋值,即确定0和1代表的意义
   C. 得到最简表达式
   D. 画出逻辑图

5. 在用74LS00和74LS20芯片完成三人表决器的实验中,74LS00芯片上将使用(　　)个与非门。
   A. 1　　　　　　　B. 2　　　　　　　C. 3　　　　　　　D. 4

6. 在组合逻辑电路中,同一信号经不同的路径传输后,到达电路中某一会合点的时间有先有后,这种现象称为(　　)。
   A. 竞争　　　　　B. 冒险　　　　　C. 冲突　　　　　D. 翻转

7. 习题图3.1.1实现了(　　)功能。
   A. 同或门　　　　B. 异或门　　　　C. 三人表决器　　D. 三人抢答器

8. 下列关于74LS148优先编码器,其输入端和输出端的描述正确的是(　　)。
   A. 输入端低电平有效,输出端高电平有效
   B. 输入端高电平有效,输出端低电平有效
   C. 输入端和输出端均是低电平有效
   D. 输入端和输出端均是高电平有效

9. 习题图3.1.2实现了(　　)功能。
   A. 与门　　　　　B. 或门　　　　　C. 同或门　　　　D. 异或门

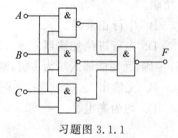

习题图3.1.1　　　　　　　　　习题图3.1.2

10. 74LS138是(　　)线-(　　)线译码器。
    A. 2/4　　　　　B. 2/8　　　　　C. 3/8　　　　　D. 4/16

11. 数字显示译码器是(　　)。
    A. 6段　　　　　B. 8段　　　　　C. 7段　　　　　D. 10段

12. 只要依次将低位全加器的进位输出端接到高位全加器的进位输入端,就可以构成(　　)功能。
    A. 半加器　　　　B. 全加器　　　　C. 多位加法器　　D. 相乘器

13. 习题图3.1.3所示电路实现的功能为(　　)。
    A. 4位并行进位加法器　　　　　　B. 4位串行进位加法器
    C. 8位并行进位加法器　　　　　　D. 8位串行进位加法器

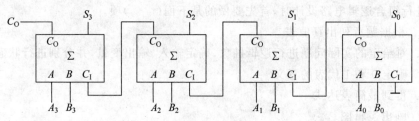

习题图 3.1.3

14. 74LS148 是( )线-( )线优先编码器。
   A. 2/4   B. 2/8   C. 3/8   D. 4/16

15. 习题图 3.1.4 中为显示译码器的( )连接方式。
   A. 共阴极   B. 共阳极
   C. 上阴极下阳极   D. 上阳极下阴极

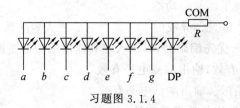

习题图 3.1.4

16. 只进行本位加数、被加数的加法运算而不考虑低位进位,这样的功能为( )。
   A. 半加器   B. 全加器   C. 多位加法器   D. 寄存加法器

17. 把低一位全加器的 C_O 连接到相邻的高一位全加器的 C_I 端,最低一位可以使用半加器,也可以使用全加器。这样组成的是( )功能。
   A. 并行相乘器   B. 串行相乘器
   C. 并行进位加法器   D. 串行进位加法器

18. 74LS148 中,使能输入端为 0 时,电路允许编码,而使能输入端为 1 时,输出为( )。
   A. 状态不确定   B. 无输出
   C. 均为低电平   D. 均为高电平

二、综合题

1. 分析习题图 3.2.1 所示逻辑电路,已知 S_1、S_0 为功能控制输入,A、B 为输入信号,L 为输出,求电路所具有的功能。

2. 写出习题图 3.2.2 所示电路的逻辑表达式,列出真值表并说明电路完成的逻辑功能。

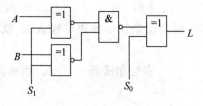

习题图 3.2.1

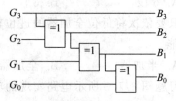

习题图 3.2.2

3. 由与非门构成的某表决电路如习题图 3.2.3 所示。其中 A、B、C、D 表示 4 个人，$L=1$ 时表示决议通过。

(1) 分析电路，说明决议通过的情况有几种。

(2) 分析 A、B、C、D 4 个人中，谁的权利最大。

4. 试分析习题图 3.2.4 所示电路的逻辑功能，并用最少的与非门实现。

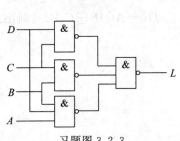

习题图 3.2.3

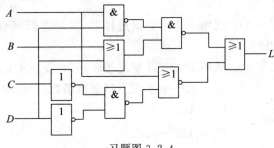

习题图 3.2.4

5. 设计一个路灯控制电路，要求在 4 个不同的位置都能独立地控制同一盏灯的亮灭。

6. 设计以下 3 变量组合逻辑电路。

(1) 判奇电路。输入中有奇数个 1 时，输出为 1，否则为 0。

(2) 判偶电路。输入中有偶数个 1 时，输出为 1，否则为 0。

(3) 一致电路。输入变量取值相同时，输出为 1，否则为 0。

(4) 不一致电路。输入变量取值不一致时，输出为 1，否则为 0。

(5) 被 3 整除电路。输入代表的二进制数能被 3 整除时，输出为 1，否则为 0。

7. 设计一个组合电路，使其输入是一个 3 位二进制数，输出的二进制数是输入的 2 倍。

8. 用与非门实现下列逻辑表达式，并检查在单个变量改变状态时有无竞争冒险，若有则设法消除。

(1) $Y = A\overline{C}\overline{D} + A\overline{B} + \overline{A}D$

(2) $Y = \overline{B}\overline{D} + \overline{A}CD + \overline{A}\overline{B}C + AC\overline{D}$

(3) $Y = \sum m(2,3,5,7,8,9,12,13)$

(4) $Y = \sum m(0,1,2,3,5,8,10,12,13,14)$

9. 已知习题图 3.2.5 所示电路及输入 A、B 的波形，试画出相应的输出波形 F，不计门的延迟。

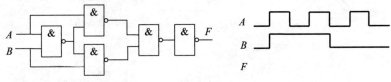

习题图 3.2.5

10. 试仅用 3 片 4 选 1 的数据选择器实现 4 变量逻辑函数：
$$F(A,B,C,D) = \sum m(1,5,6,7,9,11,12,13,14)$$

11. 试用 8 线-3 线优先编码器 74LS148 连成 64 线-6 线的优先编码器。

12. 将 74LS138 扩展为 6 线-64 线译码器(提示：用一片 74LS138 作为片选,可能比较方便)。

13. 试用中规模器件设计一个并行数据监测器,当输入 4 位二进码中,有奇数个 1 时,输出 F_1 为 1；当输入的这 4 位二进码是非 8421 BCD 码时,F_2 为 1,其余情况 F_1、F_2 均为 0。

14. 试用 4 选 1 数据选择器,实现逻辑函数 $F(A,B,C,D)=A\oplus B\oplus C\oplus D$,画出逻辑图。

15. 试用 74LS151 实现逻辑函数：$Y=A+BC$。

16. 用 74LS138 实现下列逻辑函数(允许附加门电路)。

(1) $Y_1=A\bar{C}$

(2) $Y_2=AB\bar{C}+\bar{A}C$

17. 用数据选择 74LS153 和与非门实现下列逻辑表达式。

(1) $Y=\sum m(2,3,6,7)$

(2) $Y=\sum m(0,1,2,3,6,7)$

(3) $Y=\sum m(0,2,3,6,7,10,13,14)$

第 4 章 触发器

Chapter 4

内容要点

本章介绍触发器的特点，RS 触发器、JK 触发器、D 触发器、T 触发器等的电路结构和工作原理，重点介绍 RS 触发器、JK 触发器、D 触发器和 T 触发器等的逻辑功能、特性表、特性方程、状态图、波形图及其触发器之间的相互转换和应用。

4.1 RS 触发器

在数字系统中，常常需要存储各种数字信息，触发器具有记忆功能，能够存储一位二进制数的基本存储单元电路。触发器的输出状态不仅与当前的输入状态有关，而且与原来的输出状态有关。

触发器有两个稳定状态，任何具有两个稳定状态且可以通过适当输入信号使其从一个稳定状态转换到另一个稳定状态的电路都称为触发器。它通常有两个输出端，且稳定时互为逻辑非，常用 Q 和 $\overline{Q}$ 表示，分别用二进制数码 0 和 1 表示。在输入信号及触发脉冲作用下，触发器的两个稳定状态可以相互转换，而输入信号及触发脉冲消失后，已转换的稳定状态可以长期保存下来。

触发器接收输入信号之前的状态称为现在状态，简称现态，用 Q^n 表示；触发器接收输入信号之后的状态称为下一状态，简称次态，用 Q^{n+1} 表示。现态和次态是两个相邻的离散时间里触发器输出端的状态，它们之间的关系是相对的，某一时刻触发器的次态就是下一个相邻时刻触发器的现态。

触发器有以下几种不同的分类。

(1) 按照电路结构和工作特点的不同，可以分为基本触发器、同步触发器、主从触发器和边沿触发器等。

(2) 按照时钟脉冲控制下逻辑功能的不同，可分为 RS 触发器、JK 触发器、D 触发器和 T 触发器等。

(3) 按照电路使用开关元件的不同，可分为 TTL 型触发器和 CMOS 触发器。

4.1.1 基本 RS 触发器

1. 电路结构

基本 RS 触发器由两个与非门交叉耦合构成,如图 4.1.1(a)所示,图 4.1.1(b)是其逻辑符号。$\bar{R}$ 和 $\bar{S}$ 为输入端,字母上的非号表示低电平有效,在逻辑符号图中用小圆圈表示。Q 和 $\bar{Q}$ 为输出端,在触发器正常工作时,它们的状态总是相反的,当 $Q=0$、$\bar{Q}=1$ 时,称触发器为 0 状态;当 $Q=1$、$\bar{Q}=0$ 时,称触发器为 1 状态。

基本 RS 触发器也可以由两个或非门交叉耦合构成。

基本 RS 触发器

触发器的功能描述方法

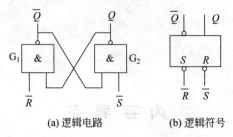

图 4.1.1 基本 RS 触发器

2. 逻辑功能

两个与非门组成的基本 RS 触发器其工作原理如下。

输入端 $\bar{S}=0$、$\bar{R}=1$ 时,与非门 1 的输出端 Q 将由低电平转变为高电平,由于 Q 端被接到与非门 2 的输入端,与非门 2 的两个输入端均处于高电平状态,使输出端 $\bar{Q}$ 由高电平转变为低电平。因 $\bar{Q}$ 被接到与非门 1 的输入端,使与非门 1 的输出状态仍为高电平。即触发器被"置 1",$Q=1$,$\bar{Q}=0$。

触发器被"置 1"后,若输入端 $\bar{S}=1$、$\bar{R}=0$,与非门 1 的输出端 Q 将由低电平转变为高电平,由于 $\bar{Q}$ 端被接到与非门 2 的输入端,与非门 2 的两个输入端均处于高电平状态,使输出端 Q 由高电平转变为低电平。因 Q 被接到与非门 1 的输入端,使与非门 1 的输出状态仍为高电平。即触发器被"置 0",$Q=0$,$\bar{Q}=1$。

触发器被"置 0"后,若输入端 $\bar{S}=1$、$\bar{R}=1$,与非门 2 的两个输入端均处于高电平状态,输出端 Q 仍保持为低电平状态不变,由于 Q 端被接到与非门 1 的输入端,使 $\bar{Q}$ 端仍保持为高电平状态不变。即触发器处于"保持"状态。

将触发器输出端状态由 1 变为 0 或由 0 变为 1 称为"翻转"。当 $\bar{S}=1$、$\bar{R}=1$ 时,触发器输出端状态不变,该状态将一直保持到有新的"置 1"或"置 0"信号到来为止。

不论触发器处于何种状态,若 $\bar{S}=0$、$\bar{R}=0$,与非门 1、2 的输出状态均变为高电平,即 $Q=1$、$\bar{Q}=1$。此状态破坏了 Q 与 $\bar{Q}$ 间的逻辑关系,属非法状态,这种情况应当避免。

(1) 当 $\bar{R}=0$、$\bar{S}=1$ 时,则 $Q=0$、$\bar{Q}=1$,触发器置 0。

(2) 当 $\bar{R}=1$、$\bar{S}=0$ 时,则 $Q=1$、$\bar{Q}=0$,触发器置 1。

(3) 当 $\bar{R}=1$、$\bar{S}=1$ 时,触发器状态保持不变,触发器具有保持功能。

(4) 当 $\bar{R}=0$、$\bar{S}=0$ 时,则 $Q=1$、$\bar{Q}=1$,触发器两输出端均为 1。不符合触发器的逻辑关系。并且由于与非门延迟时间不可能完全相等,在两输入端的 0 信号同时撤除后,将不能确定触发器是处于 1 状态还是 0 状态,所以这种状态在触发器中是不允许出现的,必须禁止,这就是基本 RS 触发器的约束条件。

从以上分析可见,基本 RS 触发器具有置 0、置 1 和保持的逻辑功能,通常 $\bar{S}$ 称为置 1 端或置位(Set)端,$\bar{R}$ 称为置 0 端或复位(Reset)端,因此该触发器又称为置位-复位(Set-Reset)触发器或基本 RS 触发器,其逻辑符号如图 4.1.1(b)所示。因为它是以 $\bar{R}$ 和 $\bar{S}$ 为低电平时被清 0 和置 1 的,所以称 $\bar{R}$、$\bar{S}$ 低电平有效,且在图 4.1.1(b)中 $\bar{R}$、$\bar{S}$ 的输入端加有小圆圈。

3. 特性表

当输入信号变化时,触发器可以从一个稳定状态转换到另一个稳定状态。特性表是触发器次态(下一稳定状态)Q^{n+1} 与现态 Q^n 以及输入信号之间的关系,并用表格形式来描述,也称状态转换真值表,简称特性表。基本 RS 触发器特性表如表 4.1.1 所示,表 4.1.2 为简化表。它们与组合电路的真值表相似,不同的是触发器的次态 Q^{n+1} 不仅与输入信号有关,还与它的现态 Q^n 有关,这正体现了时序电路的特点。

表 4.1.1 基本 RS 触发器特性表

$\bar{R}$	$\bar{S}$	Q^n	Q^{n+1}	功能说明
0	0	0	×	触发器状态不定,禁止输入
0	0	1	×	
0	1	0	0	置 0
0	1	1	0	
1	0	0	1	置 1
1	0	1	1	
1	1	0	0	触发器状态不变
1	1	1	1	

表 4.1.2 简化的基本 RS 触发器特性表

$\bar{R}$	$\bar{S}$	Q^{n+1}
0	0	不定
0	1	0
1	0	1
1	1	Q^n

4. 特性方程

触发器的逻辑功能还可用逻辑函数表达式来描述,称为特性方程或称为状态转换方程,简称为状态方程。由表 4.1.1 通过对 Q^{n+1} 进行图 4.1.2 的卡诺图化简,可得其特性方程。由特性方程可以看出,基本 RS 触发器当前的输出状态 Q^{n+1} 不仅与当前的输入状态有关,而且与其原来的输出状态 Q^n 有关。

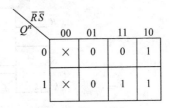

图 4.1.2 基本 RS 触发器的次态卡诺图

$$\begin{cases} Q^{n+1} = \overline{\overline{S}} + \overline{R}Q^n = S + \overline{R}Q^n \\ \overline{S} + \overline{R} = 1 \end{cases}$$

其中,$\overline{S}+\overline{R}=1$ 称为约束条件。

5. 状态转换图

描述触发器的逻辑功能还可采用图形方式,即状态转换图来描述。图 4.1.3 为基本 RS 触发器的状态转换图。图中两个圆圈分别代表触发器的两个稳定状态,箭头始端表示触发器现态,箭头末端表示触发器次态,箭头旁的标注表示状态转换条件。如果触发器现态 $Q^n=0$,在输入信号 $\overline{R}=1$、$\overline{S}=0$ 的条件下,触发器转移至次态 $Q^{n+1}=1$。

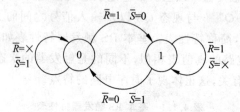

图 4.1.3 基本 RS 触发器状态转换图

6. 激励表

激励表又称驱动表,它是表示触发器由当前状态 Q^n 转至确定的下一状态 Q^{n+1} 时,对输入信号的要求。基本 RS 触发器的激励表如表 4.1.3 所示。

表 4.1.3 基本 RS 触发器的激励表

Q^n	Q^{n+1}	$\overline{R}$	$\overline{S}$
0	0	×	1
0	1	1	0
1	0	0	1
1	1	1	×

7. 波形图

根据特性表中输入及输出的对应关系,可以画出基本 RS 触发器的工作波形图,如图 4.1.4 所示。波形图也是描述触发器逻辑功能的一种方法。工作波形图又称为时序图,它反映了触发器的输出状态随时间和输入信号变化的规律。

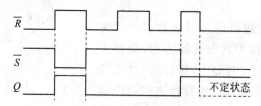

图 4.1.4 基本 RS 触发器的工作波形

上述触发器逻辑功能的几种描述方法,其本质是相同的,可以互相转换。在分析包含触发器的逻辑电路时,根据应用环境,合理地选择特性表、状态方程及状态转换图等进行相应的分析。

4.1.2 同步 RS 触发器

基本 RS 触发器的输出状态直接受输入信号控制,不仅抗干扰能力弱,而且不能实现与其他数字电路的同步操作。因此,在实际运用中,要求在时钟脉冲 CP 信号的作用下,触发器状态根据当时的输入驱动条件发生相应的状态转移。具有时钟控制的触发器称为时钟触发器。

1. 电路结构

同步 RS 触发器的逻辑电路如图 4.1.5(a)所示,其逻辑符号如图 4.1.5(b)所示,图中 G_1 和 G_2 构成基本 RS 触发器,门电路 G_3 和 G_4 构成时钟控制电路。

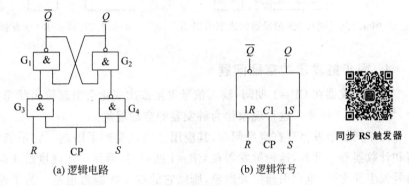

(a) 逻辑电路　　　　　　　　(b) 逻辑符号

图 4.1.5　同步 RS 触发器

2. 逻辑功能

当 CP=0 时,G_3、G_4 门被封锁,输出均为 1,触发器状态维持不变,即 $Q^{n+1}=Q^n$。

当 CP=1 时,G_3、G_4 门解除封锁,R、S 信号通过这两个门使触发器的状态发生变化。CP 的作用仅是控制触发器的翻转时刻,而触发器翻转后的状态仍然是由 R、S 和 Q^{n+1} 决定,触发器的逻辑功能如表 4.1.4 所示。

表 4.1.4　同步 RS 触发器的功能表

R	S	Q^n	Q^{n+1}	功能说明
0	0	0	0	保持原态,$Q^{n+1}=Q^n$
0	0	1	1	
0	1	0	1	触发器置 1,$Q^{n+1}=1$
0	1	1	1	
1	0	0	0	触发器置 0,$Q^{n+1}=0$
1	0	1	0	
1	1	0	×	触发器状态不定
1	1	1	×	

3. 特性方程

把表 4.1.3 的内容填入 Q^{n+1} 的卡诺图中,如图 4.1.6 所示,化简可得特性方程。

$$\begin{cases} Q^{n+1}=S+\bar{R}Q^n \\ RS=0(约束条件) \end{cases}, \quad CP=1 \text{ 期间有效}$$

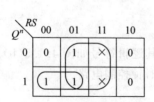

图 4.1.6 同步 RS 触发器的次态卡诺图

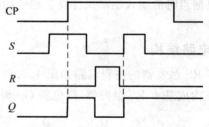

图 4.1.7 同步 RS 触发器的空翻

4. 同步触发器的空翻问题

同步触发器在 CP=1 期间,输入信号发生多次变化会引起输出状态也会发生相应的改变,如图 4.1.7 所示。这种现象称为触发器的空翻现象。

由于同步触发器存在空翻问题,其应用范围也受到了限制。它不能用来构成移位寄存器和计数器等。此外,这种触发器在 CP=1 期间,如遇到一定强度的正向脉冲干扰,使输入信号发生变化时,也会引起空翻现象,所以它的抗干扰能力也差。为了避免空翻现象,必须采用其他电路结构。

4.1.3 主从 RS 触发器

主从 RS 触发器由两级触发器构成,主触发器直接接收输入信号,从触发器接收主触发器的输出信号。两级触发器的时钟信号互为逻辑非,可以有效克服空翻现象。

1. 电路结构

图 4.1.8(a)所示为主从 RS 触发器电路结构图。它由两个高电平触发的同步 RS 触发器构成。其中门 $G_5 \sim G_8$ 构成主触发器,输入为 R、S,输出为 $Q_主$、$\overline{Q_主}$,时钟信号为 CP,主触发器的输入为整个主从触发器的驱动输入;门 $G_1 \sim G_4$ 构成从触发器,输入为主触发器的输出 $Q_主$、$\overline{Q_主}$,输出为 Q、$\bar{Q}$,时钟信号为 $\overline{CP}$,从触发器的输出为整个主从触发器的输出。主从 RS 触发器逻辑符号如图 4.1.8(b)所示。

2. 逻辑功能

主从 RS 触发器的工作分两步进行。

(1) 当 CP 由 0→1 时,主触发器接收 R、S 端输入信号,主触发器状态发生变化;而从触发器时钟 $\overline{CP}$ 由 1 跳变到 0,从触发器被封锁。因此,整个触发器状态保持不变,称为准备阶段,其状态方程为

$$\begin{cases} Q_主^{n+1}=S+\bar{R}Q_主^n=S+\bar{R}Q^n \\ RS=0 \end{cases}$$

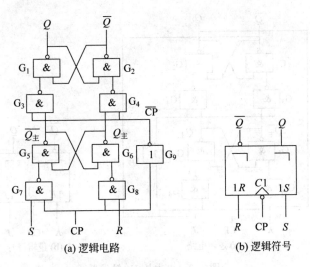

图 4.1.8 主从 RS 触发器

(2) 当 CP 由 1→0 时,主触发器被封锁,$Q_{主}$、$\overline{Q_{主}}$ 状态保持不变;而从触发器时钟 $\overline{CP}$ 由 0 跳变到 1,接收这一时刻主触发器 $Q_{主}$、$\overline{Q_{主}}$ 的信号,触发器输出状态方程为

$$\begin{cases} Q^{n+1} = Q_{主}^{n+1} = S + \overline{R}Q^n \\ RS = 0 \end{cases}$$

在 CP 的一个变化周期内,只有在 CP 下降沿来到的瞬间,触发器输出状态(Q、$\overline{Q}$)才能发生一次翻转,这种触发方式称为下降沿触发,这种触发器能有效地克服空翻现象。

4.2 JK 触发器

4.2.1 主从 JK 触发器

1. 电路结构

同步 RS 触发器在 CP=1 时,当输入 $R=S=1$ 时,触发器会出现输出状态不允许的情况,因而限制了它的实际应用。为了使触发器的逻辑功能更加完善,可以利用 CP=1 期间,Q、$\overline{Q}$ 的状态互补的特点,将 Q 和 $\overline{Q}$ 反馈到输入端,并将 S 改为 J,R 改为 K,则构成如图 4.2.1(a)所示的主从 JK 触发器。图中 $G_1 \sim G_4$ 构成从触发器,$G_5 \sim G_8$ 构成主触发器。主从 JK 触发器的逻辑符号如图 4.2.1(b)所示。

2. 逻辑功能

由于主从 JK 触发器的基本结构仍然是主从结构,所以它的工作原理和主从 RS 触发器基本相同。根据主从 RS 触发器的特性方程:

$$\begin{cases} Q^{n+1} = Q_{主}^{n+1} = S + \overline{R}Q^n \\ RS = 0 \end{cases}, \quad CP 下降沿有效$$

令 $S = J\overline{Q^n}$,$R = KQ^n$,将它们代入主从 RS 触发器的状态方程即可得到主从 JK 触发

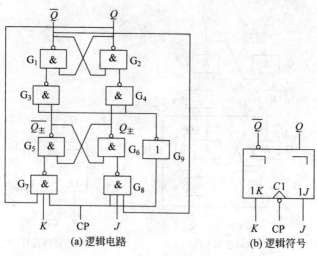

图 4.2.1 主从 JK 触发器

器的状态方程为

$$Q^{n+1} = J\overline{Q^n} + \overline{K}Q^n, \quad CP\text{下降沿有效}$$

(1)当 CP 由 0→1 时,主触发器接收输入信号,并根据 J、K 两个输入端决定主触发器的输出状态 $Q_主$、$\overline{Q_主}$,作为从触发器有效时的输入。而从触发器此时由于 $\overline{CP}=0$ 被封锁,保持原态不变。

(2)当 CP 由 1→0 时(脉冲下降沿),从触发器跟随 $Q_主$ 和 $\overline{Q_主}$,此时由于 CP=0 主触发器被封锁,即使输入信号 J、K 发生变化,主触发器的输出 $Q_主$ 保持不变,由此克服了空翻现象。

主从 JK 触发器状态转换真值表如表 4.2.1 所示,激励表如表 4.2.2 所示,状态转换如图 4.2.2 所示,波形图如图 4.2.3 所示。

表 4.2.1 主从 JK 触发器状态转换真值表

J	K	Q^{n+1}
0	0	Q^n
0	1	0
1	0	1
1	1	$\overline{Q^n}$

表 4.2.2 主从 JK 触发器激励表

Q^n	Q^{n+1}	J	K
0	0	0	×
0	1	1	×
1	0	×	1
1	1	×	0

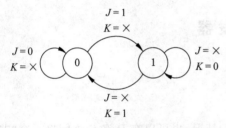

图 4.2.2 主从 JK 触发器状态转换图

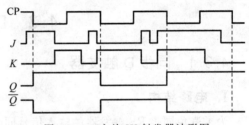

图 4.2.3 主从 JK 触发器波形图

3. 主从 JK 触发器的一次翻转现象

主从 JK 触发器虽然防止了空翻现象，但还存在一次翻转现象，可能会使触发器产生错误动作，因而限制了它的使用。

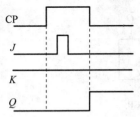

图 4.2.4 触发器的一次翻转

所谓一次翻转现象，是指在 CP=1 期间，主触发器接收了输入激励信号发生一次翻转后，主触发器状态就一直保持不变，它不再随输入激励信号 J、K 的变化而变化。

由主从 JK 触发器逻辑功能知道当 $J=0$、$K=1$ 时，输出 $Q^{n+1}=0$，但当信号 J 遇到干扰时，触发器的输出 Q 有可能产生一次翻转现象。这种现象称为主从 JK 触发器的一次翻转，如图 4.2.4 所示。因此，必须使 JK 触发器的输入状态保持不变。

4.2.2 集成 JK 触发器

1. 电路结构

集成电路 74LS73 是双 JK 触发器，其引脚图如图 4.2.5 所示。该集成芯片内有两个 JK 触发器，每个触发器均有清零位 $\overline{R_\mathrm{D}}$ 和独立的 CP 时钟脉冲，其中清零端为低电平有效，CP 为下降沿触发。

2. 74LS73 触发器逻辑功能表

74LS73 触发器逻辑功能如表 4.2.3 所示。

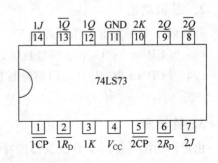

图 4.2.5 74LS73 引脚排列图

表 4.2.3 74LS73 触发器逻辑功能表

输入				输出	
$\overline{R_\mathrm{D}}$	CP	J	K	Q^{n+1}	$\overline{Q^{n+1}}$
0	×	×	×	0	1
1	↓	0	0	Q^n	$\overline{Q^n}$
1	↓	1	0	1	0
1	↓	0	1	0	1
1	↓	1	1	$\overline{Q^n}$	Q^n
1	↑	×	×	Q^n	$\overline{Q^n}$

注：×为任意状态；↓为高到低电平跳变；↑为低到高电平跳变。

4.3 D 触发器

4.3.1 同步 D 触发器

1. 电路结构

为了避免同步 RS 触发器的输入信号同时为 1 的情况,也可以在 R 和 S 之间接一个"非门",将输入端改为 D,则构成单输入的同步 D 触发器,也称 D 锁存器,电路图如图 4.3.1(a)所示,逻辑符号如图 4.3.1(b)所示。

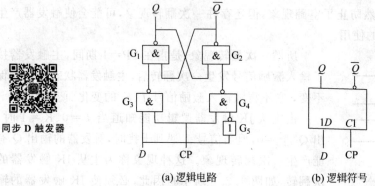

(a) 逻辑电路　　　　(b) 逻辑符号

图 4.3.1　同步 D 触发器

2. 逻辑功能

分析同步 D 触发器工作原理如下。

(1) 当 CP=0 时,G_3、G_4 门被封锁,触发器状态保持。

(2) 当 CP=1 时,G_3、G_4 门解除封锁,D 信号输入,D 触发器是高电平有效。当 $D=1$ 时,$Q^{n+1}=1$;$D=0$ 时,$Q^{n+1}=0$。可见 D 触发器的状态随着 D 的状态而改变。

3. 特性表

由逻辑功能可得同步 D 触发器的特性表,如表 4.3.1 所示。表 4.3.2 为简化特性表。

表 4.3.1　同步 D 触发器特性表

D	Q^n	Q^{n+1}	功能说明
0	0	0	置 0(与 D 相同)
0	1	0	
1	0	1	置 1(与 D 相同)
1	1	1	

表 4.3.2　简化特性表

D	Q^{n+1}
0	0
1	1

4. 特性方程

把表 4.3.1 进行化简,即可得出其特性方程:$Q^{n+1}=D$,CP=1 期间有效。

同步 D 触发器激励表如表 4.3.3 所示。

表 4.3.3　同步 D 触发器激励表

Q^n	Q^{n+1}	D
0	0	0
0	1	1
1	0	0
1	1	1

5. 状态转换图

根据特性表可得出同步 D 触发器的状态转换图,如图 4.3.2 所示。根据特性表可以画出波形图,如图 4.3.3 所示。

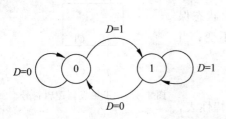

图 4.3.2　同步 D 触发器状态转换图

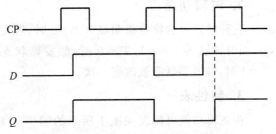

图 4.3.3　同步 D 触发器波形图

4.3.2　维持阻塞 D 触发器

1. 电路结构

图 4.3.4 所示为维持阻塞 D 触发器逻辑图。由 6 个与非门构成,其中 $G_3 \sim G_6$ 为触发器的控制部分。图中,L_1 为置 1 维持线;L_2 为置 0 阻塞线;L_3 为置 0 维持线;L_4 为置 1 阻塞线。

2. 逻辑功能

(1) 当 CP=0 时,门 G_3、G_4 被封锁,其输出 $Q_3 = Q_4 = 1$,整个触发器状态保持不变。由于 $Q_3 \sim G_5$ 和 $Q_4 \sim G_6$ 的反馈信号将两个门打开,可输入数据 D,故 $Q_5 = \overline{D}$,$Q_6 = D$。

(2) 当 CP 由 0→1,D 输入 1 时,$Q_5 = 0$、$Q_6 = 1$,G_4 输入全 1,输出 Q_4 变为 0。继而,Q 翻转为 1,$\overline{Q}$ 翻转为 0,完成了触发器翻转为 1。同时,Q_4 变为 0,通过反馈线 L_1 封锁 G_6 门,这时如果 D 信号由 1 变为 0,只会影响 G_5 的输出,不会影响 G_6 的输出,维持了触发器的 1 态,因此,称 L_1 线为置 1 维持线。同理,Q_4 变 0 后,通过反馈线 L_2 也封锁了 G_3 门,从而阻塞了置 0 通路,故称 L_2 线为置 0 阻塞线。

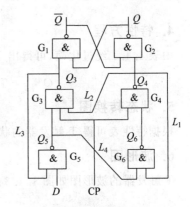

图 4.3.4　维持阻塞 D 触发器

当 CP 由 0→1,D 输入 0 时,Q_3 变为 0,通过反馈线 L_3 封锁 G_5 门(克服了空翻),使触发器的输出维持 0 态,因此,称线 L_3 为置 0 维持线。同时,在 CP=1 期间,Q_5 为 1 通过反馈线 L_4 使 G_6 门输出为 0,保证了 G_4 输出为 1,阻止了触发器翻转,故称 L_4 线为置 1 阻塞线。

可见，维持阻塞触发器是利用了维持线和阻塞线，将触发器的触发翻转控制在 CP 上跳沿到来的一瞬间，并接收前一瞬间的 D 信号。

4.4 T 触发器

1. 电路结构

T 触发器又称受控翻转型触发器，逻辑符号如图 4.4.1 所示。T 触发器没有独立的产品，由 JK 触发器或 D 触发器转换而来。

2. 逻辑功能

这种触发器的特点很明显，CP＝0 时，触发器输出状态保持，当时钟脉冲 CP＝1，T＝0 时，触发器状态保持不变；当 T＝1 时，触发器状态就改变一次。

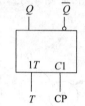

图 4.4.1 T 触发器逻辑符号

3. 特性表

由逻辑功能可得表 4.4.1 所示的同步 T 触发器特性表，表 4.4.2 为简化特性表。

表 4.4.1 同步 T 触发器特性表

T	Q^n	Q^{n+1}	功能说明
0	0	0	触发器保持
0	1	1	
1	0	1	触发器翻转
1	1	0	

表 4.4.2 简化特性表

T	Q^{n+1}
0	Q^n
1	$\overline{Q^n}$

4. 特性方程

由表 4.4.1 经过化简，可得出 T 触发器的特性方程为

$$Q^{n+1} = T\overline{Q^n} + \overline{T}Q^n \quad \text{CP}=1 \text{ 期间有效}$$

5. 状态转换图

根据特性表可得 T 触发器的状态转换图，如图 4.4.2 所示。

6. 波形图

T 触发器的波形图如图 4.4.3 所示。

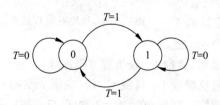

图 4.4.2 T 触发器状态转换图

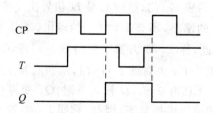

图 4.4.3 T 触发器波形图

4.5 不同类型触发器间的相互转换

触发器间的相互转换,就是用一个已有的触发器去构建另一类型触发器的功能。最常见的集成触发器是 JK 触发器和 D 触发器,由 JK 触发器和 D 触发器可构成其他类型的触发器。

4.5.1 转换步骤

(1) 写出转换双方触发器的特性方程。
(2) 变换待转换触发器的特性方程,使之与已有触发器特性方程一致。
(3) 比较两个触发器特性方程,得到转换逻辑关系。
(4) 根据转换逻辑画出逻辑电路图。

4.5.2 常用触发器之间的转换

1. JK 触发器转换为 D 触发器

JK 触发器的特性方程为 $Q^{n+1} = J\overline{Q^n} + \overline{K}Q^n$。

D 触发器的特性方程为 $Q^{n+1} = D$。

JK 触发器转换成 D 触发器 $Q^{n+1} = D = D(\overline{Q^n} + Q^n) = D\overline{Q^n} + DQ^n$。

与 JK 触发器的特性方程比较,得 $J = D, K = \overline{D}$。

JK 触发器转换成 D 触发器的电路如图 4.5.1(a)所示。

2. JK 触发器转换为 T 触发器

T 触发器的特性方程为 $Q^{n+1} = T\overline{Q^n} + \overline{T}Q^n$。

与 JK 触发器的特性方程比较,得 $J = T, K = T$。

JK 触发器转换成 T 触发器的电路如图 4.5.1(b)所示。

3. D 触发器转换为 JK 触发器

D 触发器的特性方程为 $Q^{n+1} = D$。

与 JK 触发器的特性方程比较,得 $D = J\overline{Q^n} + \overline{K}Q^n$。

D 触发器转换成 JK 触发器的电路如图 4.5.1(c)所示。

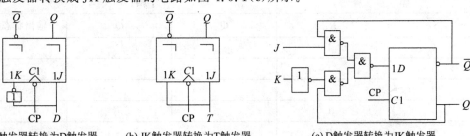

(a) JK 触发器转换为 D 触发器　　(b) JK 触发器转换为 T 触发器　　(c) D 触发器转换为 JK 触发器

图 4.5.1　常用触发器之间的转换

4.5.3 触发器之间转换使用的注意事项

虽然触发器转换双方的特性方程最后一致,但必须注意电路的脉冲触发方式,如用同步 D 触发器转换而成的 JK 触发器,触发方式为高电平有效,而不是下降沿有效,使用时要注意。

实验 5 基本 RS 触发器实验

1. 实验目的

(1) 掌握用与非门组成基本 RS 触发器的方法。
(2) 掌握基本 RS 触发器的逻辑功能测试方法。

2. 实验仪器及器材

(1) THD-1 数字电路实验箱 1 台。
(2) 数字电路 74LS00 1 块。

3. 实验原理

1) 门电路的结构与逻辑功能

74LS00 是 TTL 集成 4-2 输入与非门电路,其内部结构与逻辑功能在实验 2 中已做过详细介绍,在此不再赘述。

2) 基本 RS 触发器

用与非门构成的基本 RS 触发器的逻辑图如实验图 4.5.1 所示。

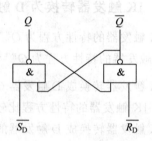

实验图 4.5.1 与非门构成的基本 RS 触发器

4. 实验内容

(1) 按实验图 4.5.1 接线,$\overline{S_D}$、$\overline{R_D}$ 接逻辑开关,Q、$\overline{Q}$ 接逻辑指示灯。
(2) 连接两路反馈线。
(3) 按实验表 4.5.1 的顺序依次改变输入信号 $\overline{S_D}$、$\overline{R_D}$,对应观察输出 Q、$\overline{Q}$ 的变化并记录。

实验表 4.5.1 记录表

输入端		输出端		
$\overline{S_D}$	$\overline{R_D}$	Q	$\overline{Q}$	输出状态说明
0	1			
1	1			
1	0			
1	1			
0	0			

5. 实验报告要求

(1) 如实记录本次实验所得各种数据。根据实验表 4.5.1 中 Q、$\overline{Q}$ 的状态变化写出触发器的特性方程。

(2) 说明基本 RS 触发器为什么有不确定状态？如何避免出现不确定状态？

(3) 采用或非门能否组成基本 RS 触发器？如能，其与与非门组成的基本 RS 触发器有何异同点？

实验 6 集成触发器实验

1. 实验目的
掌握集成 D 触发器和集成 JK 触发器的逻辑功能。

2. 实验仪器及器材
(1) 数字电路实验箱 1 台。
(2) 数字集成电路 74LS74、74LS112 各 1 块。

3. 实验原理
1) 集成电路 74LS74、74LS112 的结构

74LS74 是 TTL 集成双 D 触发器，74LS112 是 TTL 集成双 JK 触发器，上述两种集成电路的结构如实验图 4.6.1 所示。

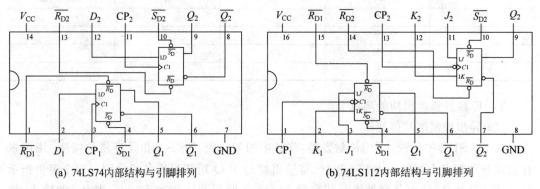

(a) 74LS74内部结构与引脚排列   (b) 74LS112内部结构与引脚排列

实验图 4.6.1 集成触发器内部结构与引脚排列图

2) 集成电路的逻辑功能

74LS74 内含两个上升沿触发的 D 触发器，74LS112 内含两个下降沿触发的 JK 触发器，上述两种集成电路均有异步置位端 $\overline{S_D}$ 和异步复位端 $\overline{R_D}$，当异步置位端 $\overline{S_D}$ 输入为低电平时，无论 D 和 JK 输入为何值，触发器均置 1。同样，当异步复位端 $\overline{R_D}$ 输入为低电平时，无论 D 和 JK 输入为何值，触发器均置 0。当 $\overline{S_D}=\overline{R_D}=1$ 时，触发器正常工作。

4. 实验内容
1) D 触发器逻辑功能测试

(1) 异步控制端功能测试

在 74LS74 中任选一个 D 触发器，将其中的异步置位端 $\overline{S_D}$ 和异步复位端 $\overline{R_D}$ 用两根连

接线分别与两个逻辑输入开关连接,将输出端 Q 和 $\overline{Q}$ 用两根连接线分别与两个逻辑指示灯连接,CP 和 D 可任意处置。按实验表 4.6.1 所列顺序依次改变 $\overline{S_D}$ 和 $\overline{R_D}$ 的输入,将测试结果填入实验表 4.6.1 中。

实验表 4.6.1 记录表

输入端		输出端		输出状态
$\overline{S_D}$	$\overline{R_D}$	Q	$\overline{Q}$	
0	0			
0	1			
0→1	1			
0	0			
1	0			
1	0→1			

(2) 逻辑功能测试

将步骤(1)中连接 $\overline{S_D}$ 和 $\overline{R_D}$ 的逻辑开关均拨到高电平,用一根连接线将输入端 D 连接到任意逻辑输入开关,将 CP 端与实验箱上的单次脉冲输出(红色)插孔用连接线连接。按实验表 4.6.2 所列顺序依次改变 D 和 CP 的输入,将测试结果填入实验表 4.6.2 中。

实验表 4.6.2 记录表

输入端		输出端		输出状态
D	CP	Q	$\overline{Q}$	
0	↑			
1	↑			
0	↑			
1	↑			

2) JK 触发器逻辑功能测试

(1) 异步控制端功能测试

在 74LS112 中任选一个 JK 触发器,将其中的异步置位端 $\overline{S_D}$ 和异步复位端 $\overline{R_D}$ 用两根连接线分别与两个逻辑输入开关连接,将输出端 Q 和 $\overline{Q}$ 用两根连接线分别与两个逻辑指示灯连接,CP 和 J、K 可任意处置。按实验表 4.6.3 所列顺序依次改变 $\overline{S_D}$ 和 $\overline{R_D}$ 的输入,将测试结果填入实验表 4.6.3 中。

实验表 4.6.3 记录表

输入端		输出端		输出状态
$\overline{S_D}$	$\overline{R_D}$	Q	$\overline{Q}$	
0	0			
0	1			
0→1	1			
0	0			
1	0			
1	0→1			

(2) 逻辑功能测试

将步骤(1)中连接$\overline{S_D}$和$\overline{R_D}$的逻辑开关均拨到高电平,用两根连接线将输入端J、K分别连接到任意两个逻辑输入开关,将CP端与实验箱上的单次脉冲输出(红色)插孔用连接线连接。按实验表4.6.4所列顺序依次改变J、K和CP的输入,将测试结果填入实验表4.6.4中。

实验表4.6.4 记录表

输入端			输出端		
J	K	CP	Q	$\overline{Q}$	输出状态
1	0	↓			
0	0	↓			
0	1	↓			
0	0	↓			
1	1	↓			
1	1	↓			

5. 实验报告要求

(1) 如实记录本次实验所得各种数据。根据实验表4.6.2和实验表4.6.4的结果分别写出两种触发器的特性方程。

(2) 试比较以上两种触发器的异同点。

(3) D触发器和JK触发器可否相互转换?如可以,请画出转换的逻辑电路图,并用实验箱内现成的器件进行验证。

小 结

1. 触发器概念

触发器是存储各种数字信息,具有记忆功能的基本逻辑单元。它有两个稳定状态,在外加触发信号的作用下,可以从一种稳定状态转换到另一种稳定状态。当外加信号消失后,触发器仍维持其状态不变。

2. 触发器分类

触发器按功能分为RS触发器、JK触发器、D触发器和T触发器等。按动作特点分为基本触发器、同步触发器、主从触发器和边沿触发器等。

3. 触发器逻辑功能表示方式

触发器的逻辑功能可以用特性表、特征方程、状态转换图和波形图等方式来描述。

习 题

一、选择题

1. N个触发器可以构成能寄存(   )位二进制数码的寄存器。

    A. $N-1$ B. N C. $N+1$ D. $2N$

2. 一个触发器可记录一位二进制代码,它有( )个稳态。
    A. 0   B. 1   C. 2   D. 3

3. 存储 8 位二进制信息要( )个触发器。
    A. 2   B. 3   C. 4   D. 8

4. 对于 T 触发器,若现态 $Q^n=1$,欲使次态 $Q^{n+1}=1$,应使输入 $T=$( )。
    A. 0   B. 1   C. Q D. $\overline{Q}$

5. 欲使 JK 触发器按 $Q^{n+1}=0$ 工作,可使 JK 触发器的输入端( )。
    A. $J=K=1$ B. $J=K=Q^n$ C. $J=Q^n$、$K=1$ D. $J=0$、$K=1$

6. 下列触发器中,克服了空翻现象的有( )触发器。
    A. 边沿 D   B. 主从 RS   C. 同步 RS   D. 主从 JK

7. 一个 T 触发器,在 $T=1$ 时,加上时钟脉冲,则触发器( )。
    A. 保持原态   B. 置 0   C. 置 1   D. 翻转

8. 当基本 RS 触发器的输入端同时输入为 1 时,输出端 Q 的结果应为( )。
    A. 0   B. 1   C. 状态不定   D. 维持原状态

9. 钟控 RS 触发器的 CP 为 0 时,输出端 Q 的结果应为( )。
    A. 0   B. 1   C. 不变   D. 不定

10. 基本 RS 触发器有( )个输入端和( )个输出端。
    A. 2、2   B. 3、3   C. 4、4   D. 5、5

11. 同步 JK 触发器中,当 $J=K=0$ 时,输出结果 Q 应是( )。
    A. 0   B. 1   C. 保持   D. 翻转

12. 主从 RS 触发器在( )期间主触发器工作而从触发器不工作。
    A. $R=0$ B. $R=1$ C. CP=0   D. CP=1

13. 在 D 触发器中,当 CP=0 时,输出端 Q 的结果应为( )。
    A. 0   B. 1   C. 保持不变   D. 状态不定

14. $J=K=1$ 时,边沿 JK 触发器的时钟输入频率为 120Hz。Q 输出为( )。
    A. 保持为高电平   B. 保持为低电平
    C. 频率为 60Hz 波形   D. 频率为 240Hz 波形

15. ( )触发器又称锁存器,具有单数据输入端。
    A. 基本 RS 触发器   B. D 触发器
    C. T 触发器   D. JK 触发器

16. 将 D 触发器转换成 T 触发器,则应令 $T=$( )。
    A. $T=D\oplus Q$ B. $D=T\oplus\overline{Q}$ C. $D=T\oplus Q$ D. $T=D\oplus\overline{Q}$

17. JK 触发器处于翻转时输入信号的条件是( )。
    A. $J=0,K=0$ B. $J=0,K=1$ C. $J=1,K=0$ D. $J=1,K=1$

18. 对于边沿触发的 D 触发器,下面( )是正确的。
    A. 输出状态的改变发生在时钟脉冲的边沿
    B. 要进入的状态取决于 D 输入
    C. 输出跟随每一个时钟脉冲的输入

二、判断题

(　　)1. 触发器不含记忆功能。
(　　)2. 触发器属于组合逻辑电路。
(　　)3. 基本 RS 触发器的内部必须是由两个对称的与非门构成。
(　　)4. 同步 JK 触发器中,输入端 J、K 不能同时为 0。
(　　)5. 钟控 RS 触发器比基本 RS 触发器仅多了一个 CP 脉冲。

三、综合题

1. 边沿 D 触发器如习题图 4.3.1 所示,画出 Q 的输出波形,设触发器的初始状态为 0。

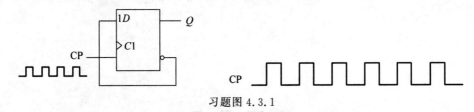

习题图 4.3.1

2. 下降沿触发的 JK 触发器输入波形如习题图 4.3.2 所示,设触发器的初始状态为 0,试画出输出端波形。

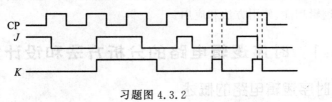

习题图 4.3.2

第 5 章　时序逻辑电路

内 容 要 点

本章介绍时序逻辑电路的分析方法和设计方法,重点介绍常用的计数器、寄存器和顺序脉冲发生器的逻辑功能、使用方法和应用。

5.1 时序逻辑电路的分析方法和设计方法

5.1.1 时序逻辑电路的概述

时序逻辑电路简称时序电路,在时序电路中任一时刻的输出信号不仅取决于当时的输入信号,而且还取决于电路原来的输出状态。其结构特点是一定由存储电路构成,存储电路主要由具有记忆功能的触发器构成,也可以和组合电路一起组成,如图 5.1.1 所示。

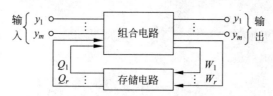

图 5.1.1　时序逻辑电路的结构框图

根据脉冲输入方式,时序逻辑电路分为同步时序逻辑电路和异步时序逻辑电路两大类。在同步时序电路中,所有触发器都共用同一个时钟脉冲 CP,即触发器的状态更新与时钟脉冲 CP 是同步的。而在异步时序逻辑电路中,所有触发器不是由同一个时钟脉冲 CP 触发。异步时序电路分析、设计与同步时序电路分析、设计类似,只是触发方式不同而已。

时序逻辑电路的分析方法 1

5.1.2 时序逻辑电路的分析方法

时序逻辑电路的分析就是根据已知的时序电路,求出电路所实现的逻辑功能、了解其用途的过程。表示时序电路逻辑功能的形式有多种,如

时序逻辑电路的分析方法 2

状态方程(表达式形式)、状态转化真值表(真值表形式)、状态转化图(图形形式)和时序图(波形形式)等。

1. 时序逻辑电路的分析步骤

1) 写出方程

(1) 输出方程。时序逻辑电路的输出表达式,通常为现态的逻辑表达式。

(2) 驱动方程。又称激励方程,各触发器输入端的逻辑表达式。

(3) 状态方程。将驱动方程代入触发器的特性方程,便可求出该触发器的次态方程,时序逻辑电路的状态方程由各触发器的次态方程组成。

2) 列状态转换真值表

将电路现态的各种取值代入状态方程和输出方程计算,求出各触发器的次态和输出,从而列出状态转换真值表。在没有给出现态的初始值时,一般按二进制自然顺序从小到大列出所有可能的现态。

3) 逻辑功能说明

根据状态转换真值表分析并说明电路的逻辑功能。

4) 画出状态转换图和时序图

状态转换图是指电路由现态转换到次态以及输入与输出关系的示意图。它反映了时序逻辑电路状态转换的规律。

时序图是在时钟脉冲 CP 作用下,各触发器状态变化的波形图。

2. 分析举例

例 5.1.1 试分析图 5.1.2 所示电路的逻辑功能,并画出状态转换图和时序图。

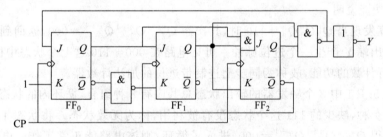

图 5.1.2 例 5.1.1 的电路图

解:由图中电路可知,该电路是同步时序逻辑电路。

1) 写出方程

(1) 输出方程为 $Y=Q_1^n Q_2^n$。

(2) 驱动方程为

$$\begin{cases} J_0=\overline{Q_1^n Q_2^n}, & K_0=1 \\ J_1=Q_0^n, & K_1=\overline{\overline{Q_0^n}\,\overline{Q_2^n}} \\ J_2=Q_0^n Q_1^n, & K_2=Q_1^n \end{cases}$$

(3) 状态方程如下。将驱动方程代入触发器的特性方程 $Q^{n+1}=J\overline{Q^n}+\overline{K}Q^n$,便得到各

触发器的状态方程:

$$\begin{cases} Q_0^{n+1} = J_0\overline{Q_0^n} + \overline{K_0}Q_0^n = \overline{Q_1^n Q_2^n} \cdot \overline{Q_0^n} \\ Q_1^{n+1} = J_1\overline{Q_1^n} + \overline{K_1}Q_1^n = Q_0^n \overline{Q_1^n} + \overline{Q_0^n \, Q_2^n}Q_1^n \\ Q_2^{n+1} = J_2\overline{Q_2^n} + \overline{K_2}Q_2^n = Q_0^n Q_1^n \overline{Q_2^n} + \overline{Q_1^n}Q_2^n \end{cases}$$

2) 进行状态计算,列状态转换真值表

设初始现态 $Q_2^n Q_1^n Q_0^n = 000$,代入输出和状态方程中计算得 $Y=0$、$Q_2^{n+1}Q_1^{n+1}Q_0^{n+1}=001$,这说明在第一个计数脉冲 CP 作用后,电路的状态由 000 翻转到 001,将次态 001 作为第二个现态,即 $Q_2^n Q_1^n Q_0^n = 001$,计算得 $Y=0$,$Q_2^{n+1}Q_1^{n+1}Q_0^{n+1}=010$,即在第二个 CP 作用后,电路的状态由 001 翻转到 010,其余以此类推,由此可得表 5.1.1 所示的状态转换真值表。

表 5.1.1 例 5.1.1 的状态转换真值表

现态 $Q_2^n Q_1^n Q_0^n$	次态 $Q_2^{n+1}Q_1^{n+1}Q_0^{n+1}$	输出 Y
000	001	0
001	010	0
010	011	0
011	100	0
100	101	0
101	110	0
110	000	1
111	000	1

3) 逻辑功能说明

通过计算发现当 $Q_2^n Q_1^n Q_0^n = 110$ 时,其次态 $Q_2^{n+1}Q_1^{n+1}Q_0^{n+1}=000$,返回到最初假定的状态,同时输出端 Y 产生一个进位脉冲。可见电路在 000~110 这七个状态中循环,它有对时钟信号进行计数的功能,故称为同步七进制带进位的加法计数器。

此外,表 5.1.1 中 3 个触发器的输出状态总共应有 8 种组合,循环内的状态称为有效状态,表中只有 7 种,缺少的 111 这个状态没有被利用,称为无效状态。将状态 111 代入状态方程中计算,得 $Q_2^{n+1}Q_1^{n+1}Q_0^{n+1}=000$,进入了循环,则该电路能正常工作。电路由无效状态经计数脉冲作用后,能进入有效状态工作,称电路具有自启动能力。

4) 画出状态转换图和时序图

根据表 5.1.1 可以画出此电路的状态转换图,如图 5.1.3(a)所示。图中圆圈内表示电路的状态,箭头始端表示现态,末端表示次态,箭头上方标注的 X/Y 为转换条件,X 为转换前输入变量的取值,Y 为输出值。图 5.1.3(b)为电路时序图(或称波形图)。

5.1.3 时序逻辑电路的设计方法

时序逻辑电路的设计和其分析过程正好相反,它是根据给定的逻辑功能要求,设计出能满足要求的时序逻辑电路。

1. 时序逻辑电路的设计步骤

设计时序电路的关键是根据设计要求确定状态转换规律和求出各触发器的驱动方程。

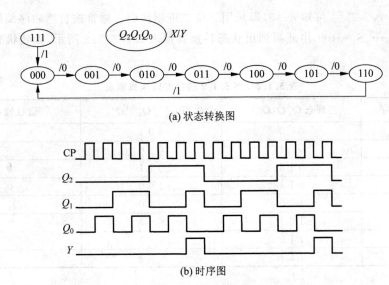

(a) 状态转换图

(b) 时序图

图 5.1.3 例 5.1.1 的状态转换图和时序图

(1) 根据要求，设定状态，导出对应状态转换图。

(2) 状态化简，求出最简状态转换图。在原始状态转换图中，如果状态在输入、输出相同的情况下，要转换的次态也相同，称为等价状态。状态化简就是合并等价状态。

(3) 状态分配（又称状态编码），列状态转化真值表。化简后的状态通常采用二进制进行编码，若化简后的状态数为 N，则触发器的数目 n 应满足关系 $2^n \geqslant N \geqslant 2^{n-1}$。真值表中的无效状态通常作任意项处理。

(4) 选择触发器的类型。触发器的类型选得合适，可以简化电路结构，由于 JK 触发器使用比较灵活，因此设计中多选用 JK 触发器。

(5) 根据状态转化真值表求出状态方程和输出方程，再将状态方程和所采用触发器的特性方程进行对比，从而求出驱动方程。

(6) 根据输出方程和驱动方程画出逻辑电路图。

(7) 如果真值表中有无效状态，则应检查电路的自启动能力。当电路不能自启动时，则应采取两种方法解决：一种是修改逻辑电路设计方案；另一种是通过预置数的方法，将电路的初始状态置为有效状态之一。

2. 设计举例

例 5.1.2 设计一个同步五进制加法计数器。

解：（1）根据要求设定状态，画出状态转换图。由于是五进制计数器，所以应有 5 个不同的状态，分别用 S_0、S_1、…、S_4 表示。在计数脉冲 CP 作用下，5 个状态循环翻转，状态从 S_4 返回到 S_0 时，Y 输出 1 个进位脉冲，状态转换图如图 5.1.4 所示。

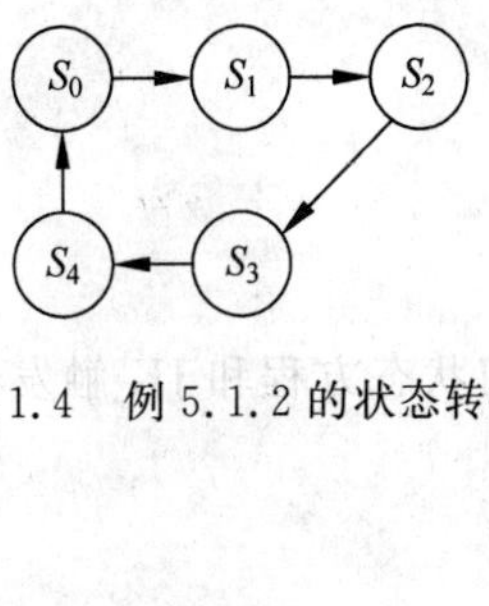

(2) 状态化简。利用等价条件可知，状态图已是最简。

(3) 状态分配，列状态转换真值表（编码表）。由 $N=$

图 5.1.4 例 5.1.2 的状态转换图

5 代入式 $2^n \geqslant N \geqslant 2^{n-1}$ 可知 $n=3$，即采用 3 位二进制代码。通常按自然顺序编码，即 $S_0=000$、$S_1=001$、…、$S_4=100$，由此可列出状态转换真值表如表 5.1.2 所示，无效状态作任意项处理。

表 5.1.2 例 5.1.2 的状态转换真值表

状态转换顺序	现态 $Q_2^n Q_1^n Q_0^n$	次态 $Q_2^{n+1} Q_1^{n+1} Q_0^{n+1}$	进位输出 Y
S_0	0 0 0	0 0 1	0
S_1	0 0 1	0 1 0	0
S_2	0 1 0	0 1 1	0
S_3	0 1 1	1 0 0	0
S_4	1 0 0	0 0 0	1
S_5	1 0 1	× × ×	×
S_6	1 1 0	× × ×	×
S_7	1 1 1	× × ×	×

(4) 选择触发器类型。这里选用 JK 触发器，其特性方程为 $Q^{n+1} = J\overline{Q^n} + \overline{K}Q^n$。

(5) 求各触发器的驱动方程和进位输出方程。

将表 5.1.2 内容填入图 5.1.5 所示的四个次态卡诺图中，分别对 Q_2^{n+1}、Q_1^{n+1}、Q_0^{n+1} 和 Y 进行化简，得出状态方程和输出方程。

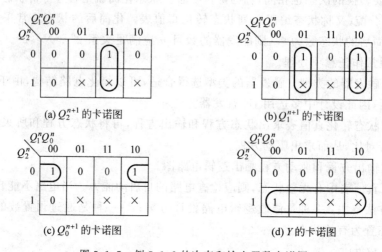

图 5.1.5 例 5.1.2 的次态和输出函数卡诺图

输出方程为 $Y = Q_2^n$。

状态方程为

$$\begin{cases} Q_2^{n+1} = Q_1^n Q_0^n \\ Q_1^{n+1} = \overline{Q_1^n} Q_0^n + Q_1^n \overline{Q_0^n} \\ Q_0^{n+1} = \overline{Q_2^n} \, \overline{Q_0^n} \end{cases}$$

将状态方程和 JK 触发器的特性方程 $Q^{n+1} = J\overline{Q^n} + \overline{K}Q^n$ 进行比较：

$$Q_2^{n+1} = Q_1^n Q_0^n (\overline{Q_2^n} + Q_2^n)$$

$$= Q_1^n Q_0^n \overline{Q_2^n} + Q_1^n Q_0^n Q_2^n (Q_1^n Q_0^n Q_2^n \text{为约束应去掉})$$
$$= Q_1^n Q_0^n \overline{Q_2^n} = (Q_1^n Q_0^n) \overline{Q_2^n} + (\overline{1}) \cdot Q_2^n = J_2 \overline{Q_2^n} + \overline{K_2} Q_2^n$$

求得驱动方程为
$$J_2 = Q_1^n Q_0^n, \quad K_2 = 1$$

同理可得
$$\begin{cases} J_1 = Q_0^n, & K_1 = Q_0^n \\ J_0 = \overline{Q_2^n}, & K_0 = 1 \end{cases}$$

(6) 根据驱动方程和输出方程,画出五进制计数器的逻辑图,如图 5.1.6 所示。

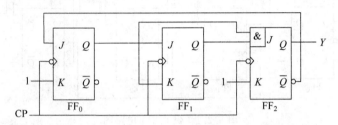

图 5.1.6 例 5.1.2 的逻辑电路图

(7) 检查能否自启动。将无效状态 101、110、111 代入状态方程中进行计算,分别进入有效状态 010、010、000,所以电路能够自启动。

5.2 计 数 器

在数字系统中,统计输入脉冲 CP 个数的电路称为计数器。它在计数功能的基础上,还广泛应用于定时、分频、数字测量、运算和控制等电路,是应用最多的时序逻辑电路。

计数器有以下几种不同的分类。

(1) 按 CP 脉冲的输入方式分,计数器分为同步计数器和异步计数器。

计数器是由若干个基本逻辑单元即触发器和相应的逻辑门组成的。如果计数器的全部触发器共用同一个时钟脉冲,而且这个脉冲就是计数输入脉冲时,这种计数器就是同步计数器。

如果计数器中只有部分触发器的时钟脉冲是计数输入脉冲,另一部分触发器的时钟脉冲是由其他触发器的输出信号提供时,这种计数器就是异步计数器。

(2) 按计数进制分,计数器分为二进制计数器、十进制计数器和 N 进制计数器。各计数器按其各自计数进位规律进行计数。

(3) 按计数增减分,计数器分为加法计数器、减法计数器和加/减法计数器。

① 加法计数器:每来一个计数脉冲,触发器组成的状态就按二进制代码规律增加。有时又称递增计数器。

② 减法计数器:每来一个计数脉冲,触发器组成的状态就按二进制代码规律减少。有时又称为递减计数器。

③ 加/减法计数器:又称双向计数器,可逆计数器,计数规律可按递增规律,也可按递减规律,由控制端决定。

计数器

5.2.1 二进制计数器

二进制计数器就是按二进制计数进位规律进行计数的计数器。由 n 个触发器组成的二进制计数器称为 n 位二进制计数器,它可以累计 $2^n = N$ 个有效状态,N 称为计数器的模或计数容量,若 $n = 1、2、3、\cdots$,则 $N = 2、4、8、\cdots$,相应的计数器称为模 2 计数器、模 4 计数器和模 8 计数器等。

例 5.2.1 图 5.2.1 所示为 JK 触发器组成的 4 位同步二进制加法计数器,用下降沿触发,分析其逻辑功能。

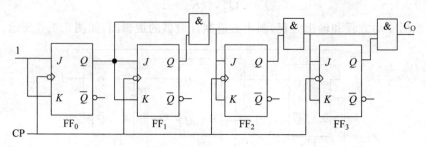

图 5.2.1 例 5.2.1 电路图

解:1) 写出方程

(1) 输出方程:$C_O = Q_3^n Q_2^n Q_1^n Q_0^n$。

(2) 驱动方程:

$$\begin{cases} J_0 = K_0 = 1 \\ J_1 = K_1 = Q_0^n \\ J_2 = K_2 = Q_1^n Q_0^n \\ J_3 = K_3 = Q_2^n Q_1^n Q_0^n \end{cases}$$

(3) 求各个触发器的状态方程。将驱动方程代入 JK 触发器的特性方程,进行化简变换可得计数器的状态方程:

$$\begin{cases} Q_0^{n+1} = J_0 \overline{Q_0^n} + \overline{K_0} Q_0^n = \overline{Q_0^n} \\ Q_1^{n+1} = J_1 \overline{Q_1^n} + \overline{K_1} Q_1^n = Q_0^n \overline{Q_1^n} + \overline{Q_0^n} Q_1^n \\ Q_2^{n+1} = J_2 \overline{Q_2^n} + \overline{K_2} Q_2^n = Q_0^n Q_1^n \overline{Q_2^n} + \overline{Q_1^n Q_0^n} Q_2^n \\ Q_3^{n+1} = J_3 \overline{Q_3^n} + \overline{K_3} Q_3^n = Q_0^n Q_1^n Q_2^n \overline{Q_3^n} + \overline{Q_2^n Q_1^n Q_0^n} Q_3^n \end{cases}$$

2) 列出对应状态转换真值表(见表 5.2.1)

表 5.2.1 例 5.2.1 的状态转换真值表

计数脉冲序号	现态 $Q_3^n Q_2^n Q_1^n Q_0^n$	次态 $Q_3^{n+1} Q_2^{n+1} Q_1^{n+1} Q_0^{n+1}$	输出 C_O
0	0 0 0 0	0 0 0 1	0
1	0 0 0 1	0 0 1 0	0

续表

计数脉冲序号	现态 $Q_3^n Q_2^n Q_1^n Q_0^n$	次态 $Q_3^{n+1} Q_2^{n+1} Q_1^{n+1} Q_0^{n+1}$	输出 C_O
2	0 0 1 0	0 0 1 1	0
3	0 0 1 1	0 1 0 0	0
4	0 1 0 0	0 1 0 1	0
5	0 1 0 1	0 1 1 0	0
6	0 1 1 0	0 1 1 1	0
7	0 1 1 1	1 0 0 0	0
8	1 0 0 0	1 0 0 1	0
9	1 0 0 1	1 0 1 0	0
10	1 0 1 0	1 0 1 1	0
11	1 0 1 1	1 1 0 0	0
12	1 1 0 0	1 1 0 1	0
13	1 1 0 1	1 1 1 0	0
14	1 1 1 0	1 1 1 1	0
15	1 1 1 1	0 0 0 0	1

3) 逻辑功能说明

由表 5.2.1 可见,电路按 0000→0001→⋯→1111→0000 循环,在第 16 个计数脉冲到来时,计数器返回至初态 0000,同时输出端 C_O 产生一个进位信号。因此该电路是同步四位二进制加法计数器,图 5.2.2(a)是例 5.2.1 的状态转换图,图 5.2.2(b)是时序图。

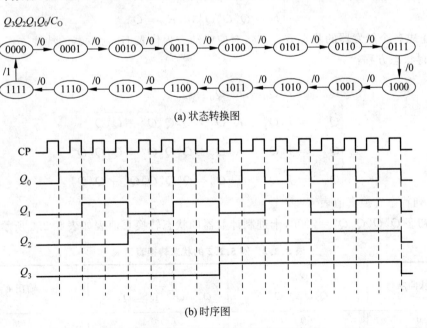

(a) 状态转换图

(b) 时序图

图 5.2.2 例 5.2.1 的状态转换图和时序图

由图 5.2.2 不难看出,若计数脉冲 CP 的频率为 f,则输出 Q_0 的频率为 $f/2$,Q_3 的频率为 $f/16$,这就是计数器的分频作用,所以该计数器又可称为 16 分频器。

5.2.2 十进制计数器

十进制计数器就是按十进制计数进位规律进行计数的计数器。

1. 同步十进制加法计数器

例 5.2.2 分析图 5.2.3 同步十进制加法计数器的逻辑功能。

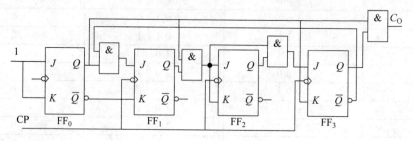

图 5.2.3 例 5.2.2 电路图

解：1）写出方程

（1）输出方程：$C_O = Q_3^n Q_0^n$。

（2）驱动方程：

$$\begin{cases} J_0 = K_0 = 1 \\ J_1 = \overline{Q_3^n} Q_0^n, \quad K_1 = Q_0^n \\ J_2 = Q_1^n Q_0^n, \quad K_2 = Q_1^n Q_0^n \\ J_3 = Q_2^n Q_1^n Q_0^n, \quad K_3 = Q_0^n \end{cases}$$

（3）求各个触发器的状态方程。将对应驱动方程代入 JK 触发器的特性方程，进行化简变换可得状态方程：

$$\begin{cases} Q_0^{n+1} = J_0 \overline{Q_0^n} + \overline{K_0} Q_0^n = \overline{Q_0^n} \\ Q_1^{n+1} = J_1 \overline{Q_1^n} + \overline{K_1} Q_1^n = \overline{Q_3^n} Q_0^n \overline{Q_1^n} + \overline{Q_0^n} Q_1^n \\ Q_2^{n+1} = J_2 \overline{Q_2^n} + \overline{K_2} Q_2^n = Q_1^n Q_0^n \overline{Q_2^n} + \overline{Q_1^n Q_0^n} Q_2^n \\ Q_3^{n+1} = J_3 \overline{Q_3^n} + \overline{K_3} Q_3^n = Q_2^n Q_1^n Q_0^n \overline{Q_3^n} + \overline{Q_0^n} Q_3^n \end{cases}$$

2）列状态转换真值表

设初态 $Q_3^n Q_2^n Q_1^n Q_0^n = 0000$，十进制计数器的状态转换真值表如表 5.2.2 所示。

表 5.2.2 例 5.2.2 的状态转换真值表

计数脉冲序号	现态 $Q_3^n Q_2^n Q_1^n Q_0^n$	次态 $Q_3^{n+1} Q_2^{n+1} Q_1^{n+1} Q_0^{n+1}$	输出 C_O
0	0 0 0 0	0 0 0 1	0
1	0 0 0 1	0 0 1 0	0
2	0 0 1 0	0 0 1 1	0
3	0 0 1 1	0 1 0 0	0

续表

计数脉冲序号	现态 $Q_3^n Q_2^n Q_1^n Q_0^n$	次态 $Q_3^{n+1} Q_2^{n+1} Q_1^{n+1} Q_0^{n+1}$	输出 C_O
4	0 1 0 0	0 1 0 1	0
5	0 1 0 1	0 1 1 0	0
6	0 1 1 0	0 1 1 1	0
7	0 1 1 1	1 0 0 0	0
8	1 0 0 0	1 0 0 1	0
9	1 0 0 1	0 0 0 0	1

3）逻辑功能说明

由表 5.2.2 可见，每来一个脉冲计数器自动加 1，按 0000→0001→…→1001→0000 规律循环，在第 10 个计数脉冲到来时，计数器返回至初态 0000，同时输出端 C_O 产生一个进位信号。因此该电路是同步十进制加法计数器。

4）检查电路自启动能力

将无效状态 1010、1011、…、1111 代入状态方程计算得到相应的次态，如表 5.2.3 所示，由表可知电路具有自启动能力。图 5.2.4 是电路的状态转换图。

表 5.2.3　例 5.2.2 的无效状态转换真值表

计数脉冲序号	现态 $Q_3^n Q_2^n Q_1^n Q_0^n$	次态 $Q_3^{n+1} Q_2^{n+1} Q_1^{n+1} Q_0^{n+1}$	输出 C_O
10	1 0 1 0	1 0 1 1	0
11	1 0 1 1	0 1 0 0	1
12	1 1 0 0	1 1 0 1	0
13	1 1 0 1	0 1 0 0	1
14	1 1 1 0	1 1 1 1	0
15	1 1 1 1	0 0 0 0	1

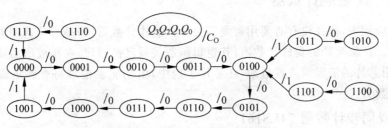

图 5.2.4　例 5.2.2 的状态转换图

2. 十进制集成计数器 74LS192

74LS192 是同步十进制可逆计数器，它具有双时钟输入，并具有清除和置数等功能，其引脚排列如图 5.2.5 所示，表 5.2.4 是 74LS192 的逻辑功能表。

各引脚功能符号的意义如下。

$P_0 \sim P_3$：并行数据输入端。

$Q_0 \sim Q_3$:数据输出端。

CP_U:加法计数脉冲输入端。

CP_D:减法计数脉冲输入端。

$\overline{TC_U}$:加法计数时,进位输出端(低电平有效)。

$\overline{TC_D}$:减法计数时,借位输出端(低电平有效)。

MR:异步清零端(高电平有效)。

$\overline{PL}$:置数控制端(低电平有效)。

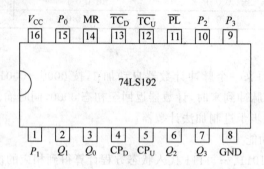

图 5.2.5 74LS192 的引脚排列图

表 5.2.4 74LS192 逻辑功能表

输入					输出
MR	$\overline{PL}$	CP_U	CP_D	$P_3 P_2 P_1 P_0$	$Q_3 Q_2 Q_1 Q_0$
1	×	×	×	××××	0 0 0 0
0	0	×	×	$d_3 d_2 d_1 d_0$	$d_3 d_2 d_1 d_0$
0	1	↑	1	××××	加计数
0	1	1	↑	××××	减计数

5.2.3 N 进制计数器

在实际应用中,往往没有必要用触发器去设计制作计数器,而是直接选用集成计数器芯片进行设计。厂家生产的集成计数器,其逻辑函数关系已经固定,在构成所需要的新计数器时,需要利用芯片的清零端或置数端,在芯片手册中,由功能表很容易查到集成计数器芯片的清零和置数方式。

1. 集成同步计数器 74LS161

74LS161 是一种同步 4 位二进制加法集成计数器,其引脚排列图如图 5.2.6(a)所示,逻辑功能图如图 5.2.6(b)所示。

图 5.2.6(b)中所示的 $\overline{CR}$ 是异步清零端,$\overline{LD}$ 是同步并行置数端,CT_P 和 CT_T 是使能端,$D_3 D_2 D_1 D_0$ 和 $Q_3^n Q_2^n Q_1^n Q_0^n$ 分别为计数器的输入信号端和输出信号端。表 5.2.5 为 74LS161 的逻辑功能表。

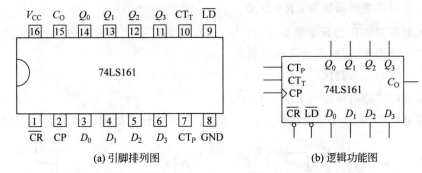

(a) 引脚排列图   (b) 逻辑功能图

图 5.2.6　74LS161 引脚排列图和逻辑功能图

表 5.2.5　74LS161 的逻辑功能表

\n	输	入				输出
$\overline{CR}$	$\overline{LD}$	CT_P	CT_T	CP	$D_3 D_2 D_1 D_0$	$Q_3 Q_2 Q_1 Q_0$
0	×	×	×	×	××××	0 0 0 0
1	0	×	×	↑	$d_3 d_2 d_1 d_0$	$d_3 d_2 d_1 d_0$
1	1	0	×	×	××××	保持
1	1	×	0	×	××××	保持
1	1	1	1	↑	××××	加法计数

由表 5.2.5 可知 74LS161 有如下主要功能。

(1) 当 $\overline{CR}=0$ 时,输出 $Q_3^n Q_2^n Q_1^n Q_0^n$ 立即为零,实现异步清零功能(又称复位功能)。

(2) 当 $\overline{CR}=1,\overline{LD}=0$,并且 CP 为上升沿↑时,$Q_3 Q_2 Q_1 Q_0 = D_3 D_2 D_1 D_0$,实现同步并行置数功能。

(3) 当 $\overline{CR}=\overline{LD}=1,CT_P \cdot CT_T=0$ 时,计数器状态保持不变。

(4) 计数功能。当 $\overline{CR}=\overline{LD}=CT_P=CT_T=1$,并且 CP 为上升沿↑时,计数器对 CP 信号按照 4 位二进制码进行加法计数。当 $Q_3 Q_2 Q_1 Q_0=1111$ 时,输出端 C_O 产生一个进位信号。

2. 用 74LS161 构成 N 进制计数器

用 74LS161 构成 N 进制的方法有以下两种。

(1) 反馈归零法:利用 74LS161 异步清零端 $\overline{CR}$ 实现清零。即当计数器记满要求的数值时,利用外部电路使 $\overline{CR}=0$,将计数器异步清零,返回到计数初始值。

(2) 反馈预置法:利用 74LS161 同步并行置数端 $\overline{LD}$ 实现置零。即当计数器还差一个计数脉冲记满要求数值时,利用外部电路使 $\overline{LD}=0$,使电路处于置数状态,当下一个计数脉冲到来时,计数器完成置数实现清零,然后返回到计数初始值。

例 5.2.3　用 74LS161 集成芯片,分别采用"反馈归零法"和"反馈预置法"构成六进制加法计数器。

解:1) 用"反馈归零法"构成六进制计数器

(1) 六进制的二进制代码:$S_N=S_6=0110$。

(2) 反馈归零逻辑函数为 $\overline{CR}=\overline{Q_2Q_1}$。

(3) 画电路图（$\overline{CR}$ 为异步清零，所以 $D_0 \sim D_3$ 可做任意处理），如图 5.2.7(a)所示。

2) 用"反馈预置法"构成六进制计数器

(1) 六进制的二进制代码：$S_{N-1}=S_{6-1}=S_5=0101$。

(2) 预置归零逻辑函数为 $\overline{LD}=\overline{Q_2Q_0}$。

(3) 画电路图（$D_0 \sim D_3$ 为被预置数，接低电平，不能任意处理），如图 5.2.7(b)所示。

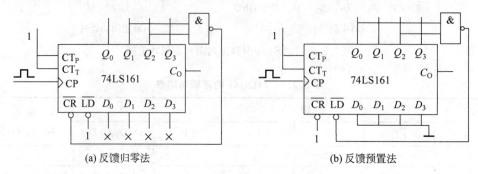

(a) 反馈归零法　　　　　　　　　　(b) 反馈预置法

图 5.2.7　用 74LS161 构成六进制加法计数器

3. 利用计数器的级联获得大容量 N 进制计数器

计数器的级联是将多个计数器串接起来，以获得计数容量更大的 N 进制计数器，一般集成计数器芯片都有级联用的输入/输出端。图 5.2.8 是用两片 4 位二进制加法计数器采用同步级联方式构成的 8 位二进制同步加法计数器。

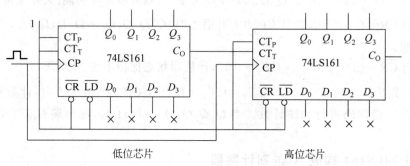

低位芯片　　　　　　　　高位芯片

图 5.2.8　74LS161 同步级联组成 8 位二进制加法计数器

例 5.2.4　用 74LS161 组成五十进制加法计数器。

解：74LS161 最大容量为十六进制，采用两片 74LS161 构成此计数器。先将两芯片采用同步级联方式连接，然后再利用 74LS161 异步清零功能，在输入第 50 个计数脉冲后，计数器输出状态为 00110010，高位芯片 $Q_3'Q_2'Q_1'Q_0'=0011$，低位芯片 $Q_3Q_2Q_1Q_0=0010$，其反馈归零函数 $\overline{CR}=\overline{Q_1' \cdot Q_0' \cdot Q_1}$，这时与非门输出低电平加到两芯片异步清零端上，使计数器立即返回 00000000 状态，状态 00110010 仅在极短的瞬间出现，为过渡状态，这样就组成了五十进制加法计数器，其逻辑电路如图 5.2.9 所示。

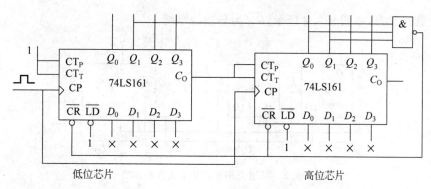

图 5.2.9 例 5.2.4 的逻辑电路图

5.3 寄 存 器

寄存器是存放数码、运算结果或指令的电路。它是由具有存储功能的触发器组合构成的,一个触发器可以存储 1 位二进制代码。按照功能的不同,可将寄存器分为基本寄存器和移位寄存器两大类。

5.3.1 基本寄存器

基本寄存器是存储二进制数码的时序电路组件,它具有接收和寄存二进制数码的逻辑功能。按其接收数码的方式分为单拍式和双拍式两种。

1. 单拍工作方式基本寄存器

1) 电路组成

单拍式寄存器是接收数码后直接把触发器置为相应的数码,而不考虑初始状态,如图 5.3.1 所示。CP 为时钟脉冲,$D_3 \sim D_0$ 为并行数码输入端,$Q_3 \sim Q_0$ 为并行数码输出端。

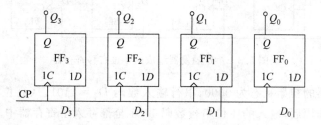

图 5.3.1 单拍工作方式基本寄存器示意图

2) 工作原理

(1) 当 CP 为上升沿时,数码端的输出 $Q_3 \sim Q_0$ 等于输入 $D_3 \sim D_0$,即有 $Q_3Q_2Q_1Q_0 = D_3D_2D_1D_0$。

(2) 当 CP 不在上升沿时,数码输出端 $Q_3Q_2Q_1Q_0$ 状态保持。

2. 双拍工作方式基本寄存器

1) 电路组成

双拍式寄存器是接收数码之前,先用复 0 脉冲把所有的触发器恢复为 0,然后把触发器置为接收数码状态,如图 5.3.2 所示,$\overline{R_D}$ 为异步清零端。

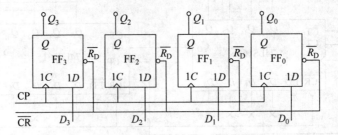

图 5.3.2 双拍工作方式基本寄存器示意图

2) 工作原理

(1) 异步清零。当 $\overline{CR}=0$ 时,触发器被同时清零,输出 $Q_3Q_2Q_1Q_0=0000$。

(2) 置数。当 $\overline{CR}=1$,并且 CP 为上升沿时,$D_3 \sim D_0$ 的数码并行输入到触发器中,这时有 $Q_3Q_2Q_1Q_0=D_3D_2D_1D_0$。

(3) 保持。当 $\overline{CR}=1$,CP 不在上升沿时,寄存器中的数码保持不变。

5.3.2 移位寄存器

移位寄存器除了具有数码寄存功能外,还有移位功能。在移位脉冲作用下,寄存器中的数码可根据需要向左或向右移动 1 位。

1. 单向移位寄存器

移位寄存器具有单向移位功能的称为单向移位寄存器。在移位脉冲的作用下,数码如向左移一位,则称为左移,反之称为右移,图 5.3.3 为 4 位右移寄存器。

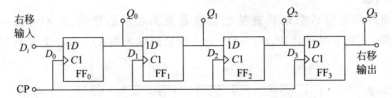

图 5.3.3 D 触发器组成的 4 位右移寄存器

设移位寄存器的初始状态为 0000,串行输入数码 $D_i=1101$,从高位到低位依次输入。在 4 个移位脉冲作用后,输入的 4 位串行数码 1101 全部存入了寄存器中。右移寄存器的状态表如表 5.3.1 所示。

表 5.3.1 右移寄存器的状态表

移位脉冲 CP	输入数码 D_i	输出数码 $Q_0^n Q_1^n Q_2^n Q_3^n$
0	0	0 0 0 0
1	1	1 0 0 0
2	1	1 1 0 0
3	0	0 1 1 0
4	1	1 0 1 1

2. 双向移位寄存器

在实际应用中,移位寄存器大多数设计成具有既可左移又可右移的功能,称为双向移位寄存器。

图 5.3.4(a)所示为集成移位寄存器 74LS194 的引脚排列图,图 5.3.4(b)所示为逻辑功能图,它是由四个触发器组成的 4 位移位寄存器。图中 $\overline{CR}$ 为清零端,$D_3 D_2 D_1 D_0$ 和 $Q_3 Q_2 Q_1 Q_0$ 分别为并行数码的输入端和输出端,D_{SR} 为右移串行数码输入端,D_{SL} 为左移串行数码输入端,$M_1 M_0$ 为工作方式控制端,CP 为移位脉冲。

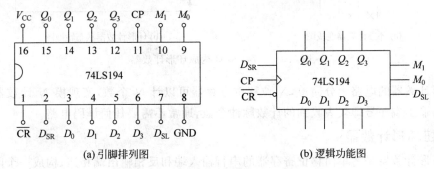

(a) 引脚排列图　　　　　　　　　　(b) 逻辑功能图

图 5.3.4　74LS194 引脚排列图和逻辑功能图

集成移位寄存器 74LS194 的逻辑功能如表 5.3.2 所示。

(1) 异步清零。当 $\overline{CR}=0$ 时,即刻清零,与其他输入状态及 CP 无关。

(2) 当 $\overline{CR}=1$ 时 74LS194 有如下 4 种工作方式。

① 当 $M_1 M_0=00$ 时,不论有无 CP 到来,各触发器状态不变,为保持工作状态。

② 当 $M_1 M_0=01$ 时,在 CP 的上升沿作用下,实现右移(上移)操作,流向是 $D_{SR} \to Q_0$。

③ 当 $M_1 M_0=10$ 时,在 CP 的上升沿作用下,实现左移(下移)操作,流向是 $D_{SL} \to Q_3$。

④ 当 $M_1 M_0=11$ 时,在 CP 的上升沿作用下,实现置数操作,$D_3 D_2 D_1 D_0 \to Q_3 Q_2 Q_1 Q_0$。

表 5.3.2　74LS194 逻辑功能表

清零 $\overline{CR}$	控制 $M_1 M_0$	串行输入 $D_{SL} D_{SR}$	时钟 CP	并行输入 $D_0 D_1 D_2 D_3$	输出 $Q_0 Q_1 Q_2 Q_3$	工作模式
0	××	××	×	××××	0 0 0 0	异步清零
1	0 0	××	×	××××	保持	保持
1	0 1	× 1	↑	××××	$1 \cdot Q_0 Q_1 Q_2$	右移输入 1
1	0 1	× 0	↑	××××	$0 \cdot Q_0 Q_1 Q_2$	右移输入 0
1	1 0	1 ×	↑	××××	$Q_1 Q_2 Q_3 \cdot 1$	左移输入 1
1	1 0	0 ×	↑	××××	$Q_1 Q_2 Q_3 \cdot 0$	左移输入 0
1	1 1	××	↑	$d_0 d_1 d_2 d_3$	$d_0 d_1 d_2 d_3$	并行置数

5.3.3　寄存器的应用

1. 环形计数器

环形计数器是将单向移位寄存器的串行输入端和输出端相连,构成一个闭合环,如

图 5.3.5(a)所示。实现环形计数器时,必须设置适当的初态,且输出 $Q_0Q_1Q_2Q_3$ 端初始状态不能完全一致(即不能完全为 1 或 0),这样电路才能实现计数,设电路初态为 0001,状态变化如图 5.3.5(b)所示。

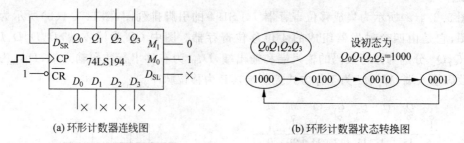

(a) 环形计数器连线图　　　　　　　　(b) 环形计数器状态转换图

图 5.3.5　74LS194 构成环形计数器

环形计数器的电路十分简单,N 位移位寄存器可以计 N 个数,实现模 N 计数器,且状态为 1 的输出端序号即代表收到的计数脉冲个数,通常不需要任何译码电路。

2. 扭环形计数器

扭环形计数器是将单向移位寄存器的串行输入端和反相输出端相连,构成一个闭合环。如图 5.3.6(a)所示。实现扭环计数器时,不必设置初态。状态变化如图 5.3.6(b)所示。

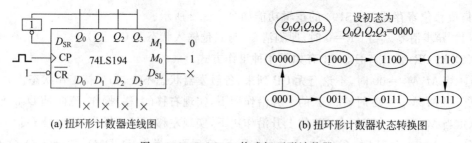

(a) 扭环形计数器连线图　　　　　　　(b) 扭环形计数器状态转换图

图 5.3.6　74LS194 构成扭环形计数器

5.4　顺序脉冲发生器

顺序脉冲发生器是能产生先后顺序脉冲波形的电路,又称节拍脉冲发生器或脉冲分配器,它一般由计数器和译码器组成,如图 5.4.1(a)所示。时钟脉冲 CP 由计数器的输入端送入,然后译码器将计数器输出译成按一定时间、一定顺序轮流为 1,或者轮流为 0 的顺序脉冲,如图 5.4.1(b)所示的波形。

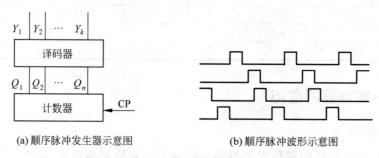

(a) 顺序脉冲发生器示意图　　　　　(b) 顺序脉冲波形示意图

图 5.4.1　顺序脉冲发生器

5.4.1 计数器型顺序脉冲发生器

计数器型顺序脉冲发生器一般由按自然顺序计数的二进制计数器和译码器构成。

1. 电路组成

图 5.4.2(a)为计数器型顺序脉冲发生器,它由四进制计数器(2 个 JK 触发器)和译码器构成。

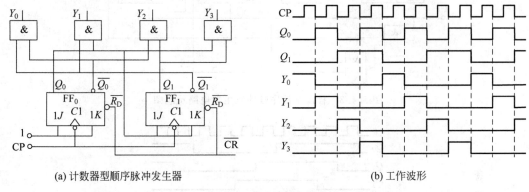

(a) 计数器型顺序脉冲发生器　　　　　　　(b) 工作波形

图 5.4.2　计数器型顺序脉冲发生器及工作波形

2. 工作原理

计数器中 JK 触发器的驱动方程为 $J_0=K_0=1$、$J_1=K_1=Q_0^n$,将驱动方程代入特性方程化简得触发器状态方程为 $Q_0^{n+1}=\overline{Q_0^n}$、$Q_1^{n+1}=\overline{Q_0^n}Q_1^n+Q_0^n\overline{Q_1^n}$,译码器的输出方程分别为

$$\begin{cases} Y_0=\overline{Q_1^n}\ \overline{Q_0^n}, & Y_1=\overline{Q_1^n}Q_0^n \\ Y_2=Q_1^n\overline{Q_0^n}, & Y_3=Q_1^nQ_0^n \end{cases}$$

设触发器初态 $Q_0Q_1=00$,代入状态方程和译码器输出方程计算可得计数器型顺序脉冲发生器的工作波形图,如图 5.4.2(b)所示。

5.4.2 移位型顺序脉冲发生器

移位型顺序脉冲发生器由移位寄存器型计数器加译码电路构成。环形计数器的输出就是顺序脉冲,故不加译码电路就可直接作为顺序脉冲发生器。

1. 电路组成

图 5.4.3 为移位型顺序脉冲发生器,它是由 D 触发器构成的计数器加译码器构成。

2. 工作原理

移位型顺序脉冲发生器的分析与计数器型的分析方法类似,根据图 5.4.3 可以得出各 D 触发器的状态方程和译码器输出方程,设 D 触发器初态 $Q_0Q_1Q_2Q_3=0000$,可得移位型顺序脉冲发生器的工作波形图,如图 5.4.4 所示。

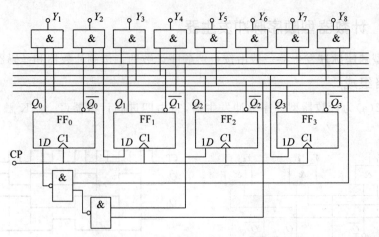

图 5.4.3 移位型顺序脉冲发生器电路示意图

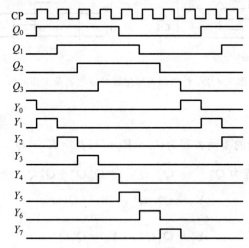

图 5.4.4 移位型顺序脉冲发生器电路工作波形

实验 7　集成计数器及应用实验

1. 实验目的
掌握集成计数器的逻辑功能和用集成计数器组成任意进制计数器的方法。

2. 实验仪器及器材
（1）数字电路实验箱 1 台。
（2）数字集成电路 74LS163、74LS00、74LS20（T063）各 1 块。

3. 实验原理
1）集成电路 74LS163 的结构

74LS163 是可预置、同步清零 TTL 集成同步 4 位二进制递增计数器，其结构如实验图 5.7.1 所示。

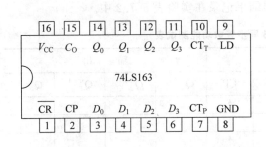
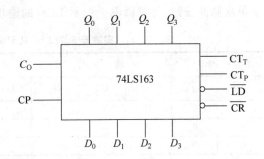

实验图 5.7.1　TTL 集成同步 4 位二进制递增计数器 74LS163 的引脚排列及逻辑功能示意图

2）集成电路 74LS163 的逻辑功能

74LS163 的逻辑功能如实验表 5.7.1 所示。

实验表 5.7.1　74LS163 的逻辑功能表

输入					输出				动作
$\overline{CR}$	$\overline{LD}$	CT_P	CT_T	CP	Q_3^{n+1}	Q_2^{n+1}	Q_1^{n+1}	Q_0^{n+1}	
0	×	×	×	↑	0	0	0	0	同步清零
1	0	×	×	↑	D_3	D_2	D_1	D_0	同步置数
1	1	1	1	↑	—	—	—	—	递增计数
1	1	0	×	×	Q_3^n	Q_2^n	Q_1^n	Q_0^n	保持
1	1	×	0	×	Q_3^n	Q_2^n	Q_1^n	Q_0^n	保持

（1）同步清零功能：若 $\overline{CR}=0$，当 CP 上升沿到来时，无论其他输入端为何信号，计数器都将清零，所有输出端的输出均为 0。

（2）同步并行置数功能：当 $\overline{CR}=1$，$\overline{LD}=0$ 的同时 CP 的上升沿到达，此时无论其他输入端为何信号，都将使并行数据 $D_0 \sim D_3$ 置入计数器，使 $Q_3^{n+1}Q_2^{n+1}Q_1^{n+1}Q_0^{n+1} = D_3D_2D_1D_0$，完成并行置数动作。

（3）同步递增计数功能：如 $CT_P=CT_T=1$，则计数器按照自然二进制数的递增顺序对 CP 的上升沿进行计数。当计数状态达到 1111 时，产生进位信号 $C_O=1$。

（4）保持功能：当 $\overline{CR}=\overline{LD}=1$ 时，若 $CT_P \cdot CT_T = 0$，则计数器将保持原来的状态不变。而此时的进位信号 C_O 有两种输出状态：$CT_T=0$ 时，$C_O=0$；$CT_T=1$ 时，$C_O=Q_3^n Q_2^n Q_1^n Q_0^n$。

4．实验内容

74LS163 的逻辑功能测试。

1）同步置数功能测试

将计数器的 $\overline{CR}$ 端和 $\overline{LD}$ 端（集成电路的 1 引脚和 9 引脚）分别接一个逻辑输入开关，将 $D_3 \sim D_0$（集成电路的 6、5、4、3 引脚）分别与 4 个逻辑输入开关连接，将计数器的 CP（集成电路的 2 引脚）与实验箱上的"单次脉冲源"中的红色插孔相连，另将计数器的输出 $Q_3 \sim Q_0$（集成电路的 11、12、13、14 引脚）分别与 4 个逻辑电平指示 LED 相连；将连接 $\overline{CR}$ 的逻辑开关拨到高电平，将连接 $\overline{LD}$ 的逻辑开关拨到低电平，$D_3 \sim D_0$ 按实验表 5.7.2 设定，按下单次脉冲按钮,将逻辑电平指示 LED 的输出结果记录在实验表 5.7.2 中。

实验表 5.7.2　74LS163 同步置数功能测试表

输　　入							输　　出			
$\overline{CR}$	$\overline{LD}$	D_3	D_2	D_1	D_0	CP	Q_3^{n+1}	Q_2^{n+1}	Q_1^{n+1}	Q_0^{n+1}
1	0	0	0	0	0	↑				
1	0	0	0	1	1	↑				
1	0	1	0	1	0	↑				
1	0	1	1	1	1	↑				

2) 同步清零功能测试

将连接 $\overline{CR}$ 的逻辑开关拨到低电平,连接 $\overline{LD}$ 的逻辑开关拨到高电平,按下单次脉冲按钮,将逻辑电平指示 LED 的输出结果记录在实验表 5.7.3 中。

实验表 5.7.3　74LS163 同步清零功能测试表

输　　入							输　　出			
$\overline{CR}$	$\overline{LD}$	D_3	D_2	D_1	D_0	CP	Q_3^{n+1}	Q_2^{n+1}	Q_1^{n+1}	Q_0^{n+1}
0	1	×	×	×	×	↑				

3) 递增计数功能测试

在将计数器清零之后,将连接 $\overline{CR}$ 和 $\overline{LD}$(集成电路的 1 引脚和 9 引脚)的逻辑开关都拨到高电平,之后按动单次脉冲按钮,将每一次的输出结果记录到实验表 5.7.4 中。

实验表 5.7.4　74LS163 递增计数功能测试表

CP	输　　出				CP	输　　出			
	Q_3^{n+1}	Q_2^{n+1}	Q_1^{n+1}	Q_0^{n+1}		Q_3^{n+1}	Q_2^{n+1}	Q_1^{n+1}	Q_0^{n+1}
0	0	0	0	0	9				
1					10				
2					11				
3					12				
4					13				
5					14				
6					15				
7					16				
8					17				

4) 用集成计数器实现任意进制计数器逻辑功能

(1) 用反馈归零法实现十进制递增计数器逻辑功能。

首先选定归零状态,求出归零逻辑:$\overline{CR}=$ _____ 。

根据写出的归零逻辑,在实验图 5.7.2 中画出在 74LS163 上用反馈归零法实现十进制递增计数器的逻辑连线图。

然后按实验图 5.7.2 所示连接电路,电路连接完成后按动单次脉冲按钮,将每一次的输

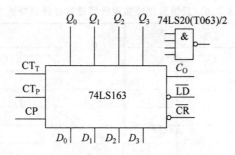

实验图 5.7.2　反馈归零法实现十进制计数逻辑图

出结果逐次记录到实验表 5.7.5 中。

实验表 5.7.5　74LS163 实现十进制递增计数功能测试表

CP	输出				CP	输出			
	Q_3^{n+1}	Q_2^{n+1}	Q_1^{n+1}	Q_0^{n+1}		Q_3^{n+1}	Q_2^{n+1}	Q_1^{n+1}	Q_0^{n+1}
0	0	0	0	0	6				
1					7				
2					8				
3					9				
4					10				
5					11				

（2）用反馈置位法实现任意进制计数器逻辑功能。

用集成计数器 74LS163 构成如实验图 5.7.3 所示状态变化的计数器。

首先，写出反馈置位逻辑：$\overline{\text{LD}}=$ _____。

设定计数器的起始状态为 0100，则 74LS163 的并行预置数为

$D_3=$ _____　　$D_2=$ _____　　$D_1=$ _____　　$D_0=$ _____

在实验图 5.7.4 中将上述计数器的逻辑连线图连接完成。

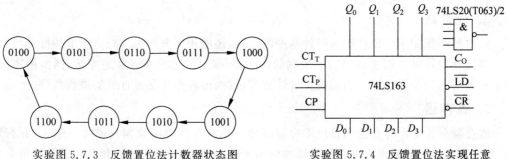

实验图 5.7.3　反馈置位法计数器状态图　　实验图 5.7.4　反馈置位法实现任意进制计数逻辑图

按实验图 5.7.4 所示连接电路，完成后按动单次脉冲按钮，将每一次的输出结果逐次记录到实验表 5.7.6 中。

实验表 5.7.6　反馈置位法实现任意进制计数器功能测试表

CP	输出				CP	输出			
	Q_3^{n+1}	Q_2^{n+1}	Q_1^{n+1}	Q_0^{n+1}		Q_3^{n+1}	Q_2^{n+1}	Q_1^{n+1}	Q_0^{n+1}
0					5				
1					6				
2					7				
3					8				
4					9				

5. 实验报告要求

（1）按实验指导书要求完成实验电路的逻辑图，并如实记录本次实验所得各种数据。

（2）在实验图 5.7.2 和实验图 5.7.4 中，如果计数器不能正确地归零或置位，一般是什么原因造成的？可以用什么方法解决该问题？试画出改进电路的逻辑图。如果条件许可，请在实验箱上验证。

小　　结

1. 时序逻辑电路

时序逻辑电路由触发器和组合逻辑电路组成，它在任何一个时刻的输出状态不仅取决于输入信号，还与电路原来的输出状态有关。

时序逻辑电路的逻辑功能可用状态方程（表达式形式）、状态转化真值表（真值表形式）、状态转化图（图表形式）和时序图（波形形式）等方式描述，它们在本质上是相通的，可以互相转换。

时序逻辑电路的分析步骤一般为：逻辑图→时钟方程（异步）、驱动方程、输出方程、状态方程→状态转换真值表→状态转换图和时序图→逻辑功能。

时序逻辑电路的设计步骤一般为：设计要求→最简状态表→编码表→次态卡诺图→驱动方程、输出方程→逻辑图。

2. 计数器

计数器不仅能用于统计输入时钟脉冲的个数，还能用于分频、定时、产生节拍脉冲等。

集成计数器可以构成 N（任意）进制的计数器，采用的方法有异步清零法、同步清零法、异步置数法和同步置数法。当需要扩大计数容量时，可将多片集成计数器进行级联。

3. 寄存器

寄存器分为基本寄存器和移位寄存器两种。基本寄存器的数据只能并行输入、并行输出，移位寄存器中的数据可以在移位脉冲作用下依次逐位右移或左移，用移位寄存器可组成环形计数器、扭环计数器等。

4. 顺序脉冲发生器

能产生先后顺序脉冲的电路称为顺序脉冲发生器，分计数型和移位型两类。计数型顺序脉冲发生器状态利用率高，但由于每次 CP 信号到来时，可能有两个或两个以上的触发器翻转，因此会产生竞争冒险，需要采取措施消除。移位型顺序脉冲发生器没有竞争冒险问题,但状态利用率低。

习 题

一、选择题

1. 在数字电路中,任一时刻的输出信号不仅取决于当时的输入信号,而且还取决于电路原来的状态,这样的电路称为( )。
   A. 进位器　　　　B. 寄存器　　　　C. 组合逻辑电路　　D. 时序逻辑电路

2. 在下列电路中,不属于时序逻辑电路的是( )。
   A. 计数器　　　　B. 寄存器　　　　C. 全加器　　　　　D. 分频器

3. 在进行异步时序电路分析时,首先要做的应该是( )。
   A. 列出状态转换表　　　　　　　B. 画出状态转换图、时序图
   C. 写出各类方程　　　　　　　　D. 分析得出电路的逻辑功能

4. 关于习题图 5.1.1 所示电路描述正确的是( )。

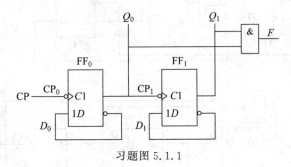

习题图 5.1.1

   A. 寄存器电路　　B. 译码器电路　　C. 同步时序电路　　D. 异步时序电路

5. 能够累计 CP 脉冲(又称为计数脉冲)个数的逻辑电路称为( )。
   A. 寄存器　　　　B. 加法器　　　　C. 计数器　　　　　D. 编码器

6. 下列按照计数器的状态变化规律进行分类的是( )。
   A. 任意进制计数　　B. 减法计数器　　C. 异步计数器　　　D. 二进制计数器

7. 把一个五进制计数器与一个四进制计数器串联可得到( )进制计数器。
   A. 四　　　　　　　B. 五　　　　　　C. 九　　　　　　　D. 二十

8. 关于习题图 5.1.2 所示电路描述正确的是( )。

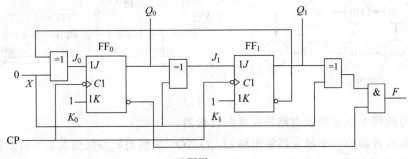

习题图 5.1.2

A. 寄存器电路 B. 编码器电路 C. 同步时序电路 D. 异步时序电路

9. 计数器按照( )分类有二进制计数器、二-十进制计数器和任意进制计数器。

A. 计数总数 B. 计数脉冲 C. 计数速度 D. 计数长度

10. 五个D触发器构成环形计数器,其计数长度为( )。

A. 5 B. 10 C. 25 D. 32

11. 双向移位寄存器的功能是( )。

A. 只能将数码左移 B. 只能将数码右移

C. 既可以左移,又可以右移 D. 不能确定

二、综合题

1. 试分析如习题图5.2.1所示电路的逻辑功能,并画出状态转换图和波形图。

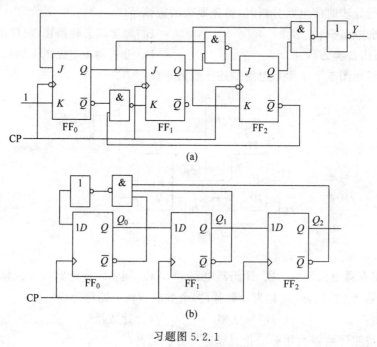

习题图 5.2.1

2. 某计数器的状态转换图如习题图5.2.2所示,试问该计数器有几个有效状态,几个无效状态?

3. 如习题图5.2.3所示电路是几进制计数器。

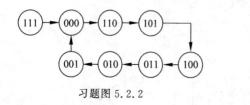

习题图 5.2.2

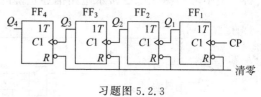

习题图 5.2.3

4. 如习题图5.2.4所示电路是几进制计数器?

5. 在某计数器的三个触发器输出端Q_1、Q_2、Q_3观察到如习题图5.2.5所示波形,由波形可知,该计数器是模几计数器。

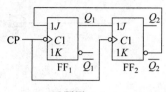

习题图 5.2.4

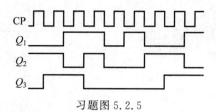

习题图 5.2.5

6. 试用 JK 触发器设计一个同步四进制加法计数器，并检查能否自启动。

7. 试用 D 触发器设计一个同步十进制加法计数器，并检查自启动能力。

8. 如习题图 5.2.6 所示，试分析 74LS161 集成芯片构成的计数器，设初始值为 0000，列出状态转换真值表，说明该电路的归零方式，是几进制计数器。

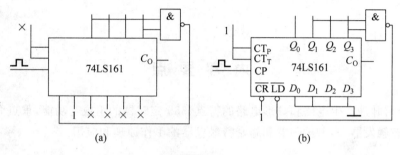

习题图 5.2.6

9. 如习题图 5.2.7 所示分析电路是几进制计数器，并列出状态转换真值表。

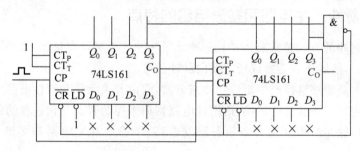

习题图 5.2.7

10. 试分别用 74LS161 的异步清零端 $\overline{CR}$ 和同步并行置数端 $\overline{LD}$ 构成下列计数器。
(1) 七进制计数器　　(2) 六十进制计数器　　(3) 一百进制计数器

11. 试用 74LS194 构成下列环形计数器。
(1) 3 位环形计数器　　(2) 5 位环形计数器　　(3) 7 位环形计数器

12. 试用 74LS194 构成下列扭环形计数器。
(1) 3 位扭环形计数器　　(2) 7 位扭环形计数器

第 6 章

脉冲波形的产生与整形

内容要点

本章介绍脉冲产生电路和整形电路的特点、555 定时器的组成与功能,重点介绍 555 定时器、单稳态触发器、多谐振荡器和施密特触发器的工作原理和应用。

6.1 概 述

6.1.1 脉冲产生电路和整形电路的特点

获得矩形脉冲的方法通常有两种:一种是用脉冲产生电路直接产生;另一种是对已有的信号进行整形,然后将它变换成所需要的脉冲信号。

脉冲产生电路能够直接产生矩形脉冲或方波,它由开关元件和惰性电路组成,开关元件的通断使电路实现不同状态的转换,而惰性电路则用来控制暂态变化过程的快慢。

典型的矩形脉冲产生电路有双稳态触发电路、单稳态触发电路和多谐振荡电路三种类型。

双稳态触发电路具有两个稳定状态,两个稳定状态的转换都需要在外加触发脉冲的推动下才能完成。

单稳态触发电路只有一个稳定状态,另一个是暂时稳定状态,从稳定状态转换到暂稳态时必须由外加触发信号触发,从暂稳态转换到稳态是由电路自身完成的,暂稳态的持续时间取决于电路本身的参数。

多谐振荡电路能够自激产生脉冲波形,它的状态转换不需要外加触发信号触发,而完全由电路自身完成。因此它没有稳定状态,只有两个暂稳态。

脉冲整形电路能够将其他形状的信号,如正弦波、三角波和一些不规则的波形变换成矩形脉冲。施密特触发器就是常用的整形电路,它有两个特点:①能把变化非常缓慢的输入波形整形成数字电路所需要的矩形脉冲;②有两个触发电平,当输入信号达到某一额定值时,电路状态就会转换,因此它属于电平触发的双稳态电路。

6.1.2 脉冲电路的基本分析方法

RC 开关电路由电容 C、电阻 R、开关 S 和电源 E 组成,如图 6.1.1 所示。

(1) 开关转换的一瞬间,电容器上电压不能突变,满足开关定理 $U_C(0_+) = U_C(0_-)$。

(2) 暂态过程结束后,流过电容器的电流 $i_C(\infty)$ 为 0,即电容器相当于开路。

(3) 电路的时间常数 $\tau = RC$,τ 决定了暂态时间的长短。三要素即起始值 $X(0_+)$、稳态值 $X(\infty)$ 和时间常数 τ,根据三要素公式,可以得到电压(或电流)随时间变化的方程为

$$X(t) = X(\infty) + [X(0_+) - X(\infty)]e^{-\frac{t}{\tau}}$$

如果 $U(t_M) = U_T$,它是 $U(0_+)$ 和 $U(\infty)$ 之间的某一转换值,那么从暂态过程的起始值 $U(0_+)$ 变到 U_T 所经历的时间 t_M 可用下式计算

$$t_M = RC \ln \frac{U(\infty) - U(0_+)}{U(\infty) - U_T}$$

从 $U(0_+)$ 到 U_T 所经历的时间 t_M 如图 6.1.2 所示。

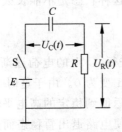

图 6.1.1 RC 开关电路

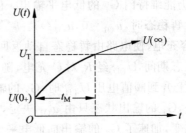

图 6.1.2 从 $U(0_+)$ 到 U_T 所经历的时间 t_M

6.2 集成逻辑门构成的脉冲电路

6.2.1 微分型单稳态触发电路

应用 RC 电路可以对矩形波进行变换,常用的有微分电路、积分电路和脉冲分压器。

用集成门电路可以构成单稳态触发器。用或非门构成的微分单稳态触发电路如图 6.2.1(a)所示,满足条件 $RC \ll t_W$,单稳态触发电路的暂稳态是靠 RC 电路的充放电过程来维持的,由于图示电路的 RC 电路接成输入微分电路形式,微分电路的输出 u_A 只反映输入波形 u_{O1} 的突变部分,故该电路又称为微分型单稳态触发电路。其工作波形如图 6.2.1(b)所示。

1. 工作原理

1) 没有触发信号时,电路工作在稳态

当没有触发信号时,u_1 为低电平。因为门 G_2 的输入端经电阻 R 接至 U_{DD},u_A 为高电平,因此 u_{O2} 为低电平;门 G_1 的两个输入均为 0,其输出 u_{O1} 为高电平,电容 C 两端的电压接近为 0。这是电路的稳态,在触发信号到来之前,电路一直处于这个状态:$u_{O1} = 1$,$u_{O2} = 0$。

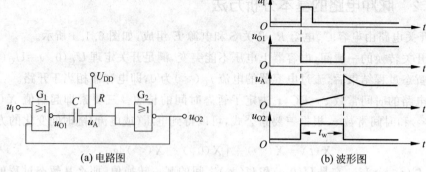

图 6.2.1 微分单稳态触发电路

2) 外加触发信号,使电路由稳态翻转到暂稳态

当正触发脉冲 u_I 到来时,门 G_1 输出 u_{O1} 由 1 变为 0。经过 C 耦合,u_A 也随之产生低电平,使门 G_2 的输出 u_{O2} 变为 1。这个高电平反馈到门 G_1 的输入端,此时即使 u_I 的触发信号撤除,仍能维持门 G_1 的低电平输出。但是电路的这种状态是不能长久保持的,所以称为暂稳态。暂稳态时,$u_{O1}=0$,$u_{O2}=1$。

3) 电容充电,使电路由暂稳态自动返回到稳态

在暂稳态期间,U_{DD} 经 R 对 C 充电,随着充电的进行,C 上的电荷逐渐增多,使 u_A 升高。当 u_A 上升到阈值电压 U_{TH} 时,G_2 的输出 u_{O2} 由 1 变为 0。由于这时 G_1 输入触发信号已经过去,G_1 的输出状态只由 u_{O2} 决定,所以 G_1 又返回到稳定的高电平输出。u_A 随之向正方向跳变,加速了 G_2 的输出向低电平变化。最后使电路退出暂稳态而进入稳态,此时 $u_{O1}=1$,$u_{O2}=0$。暂稳态结束后,电容通过电阻 R 放电,使 C 上的电压恢复到稳定状态时的初始值。

2. 主要参数计算

1) 输出脉冲宽度 T_W

输出脉冲宽度就是暂稳态的持续时间,根据 u_A 的波形可以计算出:

$$T_W \approx 0.7RC$$

2) 恢复时间

暂稳态结束后,电路需要一段时间恢复到初始状态,电路恢复时间 T_R 为

$$T_R = (3 \sim 5)RC$$

6.2.2 多谐振荡器

1. 带 RC 延迟电路的环形振荡器

1) 带 RC 延迟电路的环形振荡器电路

带 RC 延迟电路的环形振荡器电路如图 6.2.2(a)所示。

2) 工作原理

假设 $U_{I1}=U_{O3}\uparrow$,则 $U_{O1}\downarrow$,$U_{O2}\uparrow$。由于电容两端电压不能突变,因此当 U_{O1} 发生 $\downarrow$ 时,U_{I3} 也 $\downarrow$,从而使 U_O 保持高电平,即 $U_{O1}=U_{OL}$,$U_{O2}=U_{OH}$,$U_O=U_{OH}$,此时为暂稳态 I。但此暂态不能长久维持,当 U_{O1} 输出低电平时电容 C 进行充电。随着 C 充电 U_{I3} 不断

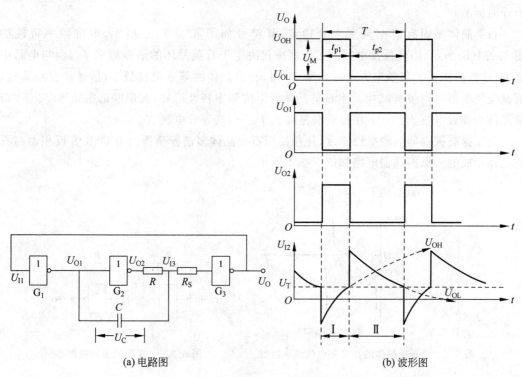

(a) 电路图　　(b) 波形图

图 6.2.2　带 RC 延迟电路的环形振荡器

上升,当 $U_{I3} \geq U_T$ 后,电路翻转为门 G_3 导通、门 G_1 截止、门 G_2 导通的暂稳态Ⅱ。这时 $U_{O1}=U_{OH}$,$U_{O2}=U_{OL}$,$U_O=U_{OL}$,电容 C 放电。随着 C 放电,U_{I3} 不断下降,当 $U_{I3} < U_T$ 时,电路又会翻转到门 G_3 截止、门 G_1 导通、门 G_2 截止的暂稳态Ⅰ,并重复以上过程。电路的工作波形如图 6.2.2(b)所示。

带 RC 延迟电路的环形振荡器主要参数估算如下。

输出电压幅值:

$$U_M = U_{OH} - U_{OL}$$

振荡周期:

$$T = T_1 + T_2$$

$$T_1 = RC \ln \frac{U_{I3}(\infty) - U_{I3}(0_+)}{U_{I3}(\infty) - U_T} = RC \ln \frac{U_{OH} - (U_T - U_M)}{U_{OH} - U_T} = 0.96RC$$

$$T_2 = RC \ln \frac{U_{I3}(\infty) - U_{I3}(0_+)}{U_{I3}(\infty) - U_T} = RC \ln \frac{U_{OL} - (U_T + U_M)}{U_{OL} - U_T} = 1.28RC$$

$$T = T_1 + T_2 \approx 2.2RC$$

2. 石英晶体多谐振荡器

1) 石英晶体多谐振荡器电路

家用电子钟大部分采用具有石英晶体振荡器的矩形波发生器,由于它的频率稳定度很高,所以走时很准。通常选用振荡频率为 32768Hz 的石英晶体组成的振荡器——石英晶体振荡器,因为 $32768 = 2^{15}$,所以将 32768Hz 经过 15 次二分频,即可得到 1Hz 的时钟脉冲作为计时标准。

石英晶体的固有谐振频率十分稳定,其符号如图 6.2.3(a)所示,电抗频率特性如图 6.2.3(b)所示,因此振荡电路的工作频率仅决定于石英晶体的谐振频率 f_0,而与电路中的 R、C 数值无关。当频率为谐振频率 f_0 时,石英晶体的等效阻抗最小,信号最容易通过,而其他频率信号均被衰减掉。由石英晶体的电抗频率特性可知,在串联谐振频率 f_S 下,石英晶体的等效电抗 $X_S=0$;在并联谐振频率 f_P 下,其等效电抗 $X_P \approx \infty$。

为了提高振荡器的频率稳定度,往往使用石英晶体多谐振荡器。由 CMOS 反相器与石英晶体组成的多谐振荡器电路如图 6.2.4 所示。

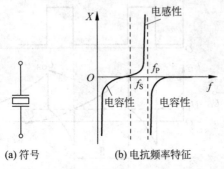

图 6.2.3 石英晶体的符号和电抗频率特性

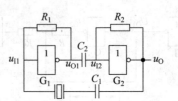

图 6.2.4 常用的多谐振荡器

在电路中反相器 G_1 和 G_2 的输入端和输出端均并接电阻 R_1 和 R_2,用以确定反相器的工作状态,这样可使反相器工作在传输特性转折线上的线性放大区,反相器工作在线性放大区,并具有较高的电压放大倍数。

2) 工作原理

当电路接上电源 U_{DD} 后,在反相器 G_2 输出 u_O 为噪声信号,经石英晶体通路,只从噪声中选出频率为 f_S 的正弦信号(晶体的等效电抗 $X_S \approx 0$),并反馈到 u_{I1},经 G_1 线性反相放大,再通过耦合电容 C_2,再经 G_2 线性放大。经多次反复放大后,使幅值达到最大而被削顶失真,近似于方波输出,即形成多谐振荡器。电路中 C_1 用来微调频率。其振荡频率 f_0 由晶体谐振频率 f_S 决定,最高可达几十兆赫。

6.3 555 定时器及其应用

6.3.1 555 定时器的组成与功能

555 定时器是一种多用途的数-模混合集成电路,利用它可以构成单稳态触发器、多谐振荡器和施密特触发器。由于使用灵活、方便,所以 555 定时器在波形的产生与变换、测量与控制等许多领域中都得到了应用。

555 定时器可以分为 TTL 电路和 CMOS 电路两种类型,TTL 电路电源电压为 5~16V,输出最大负载电流为 200mA,CMOS 电路电源电压为 3~18V,输出最大负载电流为 4mA。

555 定时器电路结构及引脚图如图 6.3.1 所示,它由分压器(由 3 个 5kΩ 电阻组成,555

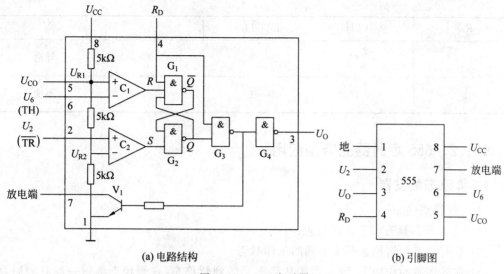

图 6.3.1 555 定时器

由此而得名)、C_1 和 C_2 两个电压比较器、基本 RS 触发器、放电管 V_1 等组成。

比较器 C_1 接引脚 6 输入端 U_6 称为高触发端,手册上用 TH 标注,比较器 C_2 接引脚 2 的输入端 U_2 称低触发端,手册上用 $\overline{TR}$ 标注。C_1 和 C_2 的基准电压 U_{R1} 和 U_{R2} 由电源 U_{CC} 经三个 $5k\Omega$ 的电阻分压给出。当控制电压输入端 U_{CO} 悬空时,$U_{R1}=\frac{2}{3}U_{CC}$,$U_{R2}=\frac{1}{3}U_{CC}$;R_D 为异步置 0 端,只要在 R_D 端加入低电平,则基本 RS 触发器就置 0,正常工作时,R_D 处于高电平。

555 定时器的主要功能取决于两个比较器输出对 RS 触发器和放电管 V_1 状态的控制。

当 $U_6>\frac{2}{3}U_{CC}$,$U_2>\frac{1}{3}U_{CC}$ 时,比较器 C_1 输出为 0,C_2 输出为 1,基本 RS 触发器被置 0,V_1 导通,U_O 输出为低电平。

当 $U_6<\frac{2}{3}U_{CC}$,$U_2<\frac{1}{3}U_{CC}$ 时,比较器 C_1 输出为 1,C_2 输出为 0,基本 RS 触发器被置 1,V_1 截止,U_O 输出高电平。

当 $U_6<\frac{2}{3}U_{CC}$,$U_2>\frac{1}{3}U_{CC}$ 时,比较器 C_1 和 C_2 输出均为 1,基本 RS 触发器的状态保持不变,因而 V_1 和 U_O 输出状态也维持不变。

555 定时器功能表如表 6.3.1 所示。

表 6.3.1 555 定时器功能表

R_D	U_6(TH)	U_2($\overline{TR}$)	U_O	V_1
0	×	×	0	导通
1	$<\frac{2}{3}U_{CC}$	$<\frac{1}{3}U_{CC}$	1	截止

续表

R_D	U_6(TH)	$U_2(\overline{TR})$	U_O	V_1
1	$>\frac{2}{3}U_{CC}$	$>\frac{1}{3}U_{CC}$	0	导通
1	$<\frac{2}{3}U_{CC}$	$>\frac{1}{3}U_{CC}$	不变	不变

6.3.2 555定时器的典型应用

1. 单稳态触发器

1) 工作特点

单稳态触发器具有如下工作特点。

(1) 它有稳态和暂稳态两个不同的工作状态。

(2) 在外加脉冲作用下,触发器能从稳态翻转到暂稳态,在暂稳态维持一段时间后,将自动返回稳态。

(3) 暂稳态维持时间的长短取决于电路本身的参数,与外加触发信号无关。

由于单稳态触发器的这些特点,它被广泛应用于脉冲整形、定时和延时等方面。

2) 工作原理

用555定时器构成的单稳态触发器电路图如图6.3.2(a)所示。

将低触发端$\overline{TR}$作为触发信号U_I的输入端,高触发端TH电压为U_C,并与定时元件R、C连接,则可以构成以一个单稳态触发器。

(1) 稳定状态:触发信号没有来到,U_I为高电平。电源刚接通时,电路有一个暂态过程,即电源通过电阻R向电容C充电,当U_C上升到$\frac{2}{3}U_{CC}$时,RS触发器置0,$U_O=0$,V_1导通,因此电容C又通过导电管V_1迅速放电,直到$U_C=0$,电路进入稳态。这时如果U_I一直没有触发信号来到,电路就一直处于$U_O=0$的稳定状态。

(2) 暂稳态:外加触发信号U_I的下降沿到达时,由于$U_2<\frac{1}{3}U_{CC}$,$U_6(U_C)=0$,RS触发器Q端置1,因此$U_O=1$,V_1截止,U_{CC}开始通过电阻R向电容C充电。随着电容C充电的进行,电路进入暂稳态。

(3) 从暂稳态返回到稳定状态:U_I的触发负脉冲消失后,U_2回到高电平,在$U_2>\frac{1}{3}U_{CC}$、$U_6<\frac{2}{3}U_{CC}$期间,RS触发器状态保持不变,因此,U_O一直保持高电平不变,电路维持在暂稳态。但当电容C上的电压上升到$U_6\geqslant\frac{2}{3}U_{CC}$时,RS触发器置0,电路输出$U_O=0$,$V_1$导通,此时暂稳态便结束,电路将返回到初始的稳态。

V_1导通后,电容C通过V_1迅速放电,使$U_C\approx0$,电路又恢复到稳态,第二个触发信号到来时,又重复上述过程。

输出电压U_O和电容C上电压U_C的工作波形如图6.3.2(b)所示。

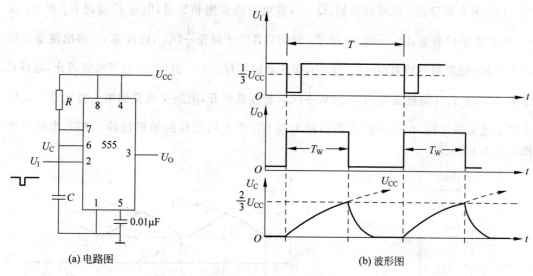

(a) 电路图　　　　　　　　(b) 波形图

图 6.3.2　用 555 定时器构成的单稳态触发器

3) 输出脉冲宽度 T_W

输出脉冲宽度 T_W 是暂稳态的停留时间，根据电容 C 的充电过程可知：

$$U_C(0_+)=0\quad U_C(\infty)=U_{CC}\quad U_T=U_C(T_M)=\frac{2}{3}U_{CC}\quad \tau=RC$$

因而可得：

$$t_M=RC\ln\frac{U_C(\infty)-U_C(0_+)}{U_C(\infty)-U_T}=RC\ln 3=1.1RC$$

图 6.3.2(a) 所示电路对输入触发脉冲的宽度有一定要求，它必须小于 T_W。

4) 单稳触发电路的用途

(1) 延时，将输入信号延迟一定时间(一般为脉宽 T_W)后输出。

(2) 定时，产生一定宽度的脉冲信号。

2. 多谐振荡器

多谐振荡器是一种自激振荡器，在接通电源以后，不需要外加触发信号便能自动产生矩形脉冲，由于矩形波中含有丰富的高次谐波分量，所有习惯上又把矩形波振荡器称为多谐振荡器。由于多谐振荡器产生的矩形脉冲一直在高电平、低电平间相互转换，没有稳定状态，只有两个暂稳态，所以也称为无稳态电路。多谐振荡器又称为方波振荡器。

1) 工作原理

用 555 定时器构成的多谐振荡器电路图如图 6.3.3(a) 所示。图中 C 是外接定时电容，R_1、R_2 是充电电阻，R_2 又是放电电阻，5 端 $0.01\mu F$ 电容用于防干扰。

多谐振荡器只有两个暂稳态。

(1) 第 I 暂稳态。当电源接通后，电源 U_{CC} 通过 R_1、R_2 给电容 C 充电。随着充电的进行，U_C 逐渐增高，经过 T_1 时间后，U_C 上升至 $\frac{2}{3}U_{CC}$，比较器 C_1 输出跳变为低电平 0，RS 触发器翻转为 $Q=0$，$\bar{Q}=1$，振荡器输出 $U_O=0$。

(2) 第Ⅱ暂稳态。电路翻转后，$\overline{Q}=1$，放电三极管饱和导通，电容 C 通过 R_2 和 V_1 放电，随着电容 C 放电，U_C 下降，经过 T_2 时间后，U_C 下降至 $\frac{1}{3}U_{CC}$，比较器 C_2 输出跳变为低电平 0，RS 触发器翻转为 $Q=1$，$\overline{Q}=0$，振荡器输出 $U_O=1$。此时，放电三极管截止，电容 C 结束放电，重新开始被充电，U_C 也从 $\frac{1}{3}U_{CC}$ 起逐渐回升，电路又恢复到第Ⅰ暂稳态。此后重复上述振荡过程，在多谐振荡器的输出端 U_O 产生周期性的矩形脉冲。其工作波形如图 6.3.3(b) 所示。

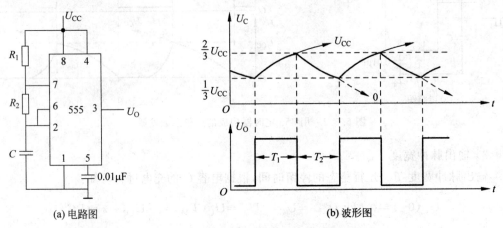

(a) 电路图　　　　　　　　　　(b) 波形图

图 6.3.3　用 555 定时器构成的多谐振荡器

2) 振荡周期 T 的计算

多谐振荡器的振荡周期为两个暂稳态的持续时间，$T=T_1+T_2$。由图 6.3.3(b) U_C 的波形求得电容 C 的充电时间 T_1 和放电时间 T_2 各为

$$T_1=(R_1+R_2)C\ln\frac{U_{CC}-\frac{1}{3}U_{CC}}{U_{CC}-\frac{2}{3}U_{CC}}$$

$$=(R_1+R_2)C\ln 2$$

$$=0.7(R_1+R_2)C$$

$$T_2=R_2C\ln\frac{0-\frac{2}{3}U_{CC}}{0-\frac{1}{3}U_{CC}}=R_2C\ln 2=0.7R_2C$$

因而振荡周期：

$$T=T_1+T_2=0.7(R_1+2R_2)C$$

3) 占空比可调的多谐振荡器

占空比可调的多谐振荡器如图 6.3.4 所示。

电容 C 的充电路径为 $U_{CC}\to R_1\to V_1\to C\to$ 地，因而 $T_1=0.7R_1C$。

电容 C 的放电路径为 $C\to V_2\to R_2\to$ 放电管 $V_1\to$ 地，因而 $T_2=0.7R_2C$。

振荡周期为

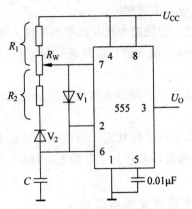

图 6.3.4 占空比可调的多谐振荡器

$$T = T_1 + T_2 = 0.7(R_1 + R_2)C$$

占空比是用来定量描述矩形脉冲特性的一个参数,即脉冲宽度与脉冲周期之比,占空比为

$$D = \frac{T_1}{T} = \frac{R_1}{R_1 + R_2}$$

4) 多谐振荡器应用举例

用两个多谐振荡器可以组成如图 6.3.5(a)所示的模拟声响电路。适当选择定时元件,使振荡器 A 的振荡频率 $f_A = 1\text{Hz}$,振荡器 B 的振荡频率 $f_B = 1\text{kHz}$。由于低频振荡器 A 的输出接至高频振荡器 B 的复位端(4 脚),当 U_{O1} 输出高电平时,B 振荡器才能振荡,U_{O1} 输出低电平时,B 振荡器被复位,停止振荡,因此使扬声器发出 1kHz 的间歇声响。其工作波形如图 6.3.5(b)所示。

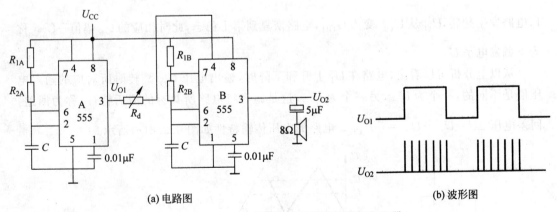

图 6.3.5 用 555 定时器构成的模拟声响发生器

3. 施密特触发器

施密特触发器就是常用的整形电路,它是输出具有两个相对稳态的电路,这里的"相对"是指输出的两个高、低电平状态必须依靠输入信号来维持,从这一点看,它更像是门电路,只不过它的输入阈值电压有两个不同值。

1) 施密特触发器的构成与工作原理

施密特触发器有两个特点：①能把变化非常缓慢的输入波形整形成数字电路所需要的矩形脉冲。②有两个触发电平，当输入信号达到某一额定值时，电路状态就会转换，因此它属于电平触发的双稳态电路。

施密特触发器可以看成是具有不同输入阈值电压的逻辑门电路，它既有门电路的逻辑功能，又有滞后电压传输特性。

施密特触发器具有两个稳定的工作状态。当输入信号很小时，处于第Ⅰ稳定状态，当输入信号电压增至一定数值时，触发器翻转到第Ⅱ稳态，但输入电压必须减小至比刚才发生翻转时更小，才能返回第Ⅰ稳态。

用 555 定时器构成的施密特触发器如图 6.3.6(a)所示。图中 U_6(TH) 和 $U_2(\overline{TR})$ 端直接连在一起作为触发电平输入端。若在输入端 U_I 加三角波，则可在输出端得到如图 6.3.6(b)所示的矩形脉冲。其工作过程如下。

U_I 从 0 开始升高，当 $U_I < \frac{1}{3}U_{CC}$ 时，RS 触发器置 1，故 $U_O = U_{OH}$；电路处于第Ⅰ稳态，当 $\frac{1}{3}U_{CC} < U_I < \frac{2}{3}U_{CC}$ 时，RS=11，故 $U_O = U_{OH}$ 保持不变；当 $U_I \geq \frac{2}{3}U_{CC}$ 时，电路发生翻转，RS 触发器置 0，U_O 从 U_{OH} 变为 U_{OL}，触发器处于第Ⅱ稳态，此时相应的 U_I 幅值 $\frac{2}{3}U_{CC}$ 称为上触发电平 U_+。

当 $U_I > \frac{2}{3}U_{CC}$ 时，$U_O = U_{OL}$ 不变；当 U_I 下降，且 $\frac{1}{3}U_{CC} < U_I < \frac{2}{3}U_{CC}$ 时，由于 RS 触发器的 RS=11，故 $U_O = U_{OL}$ 保持不变；只有当 U_I 下降到小于等于 $\frac{1}{3}U_{CC}$ 时，RS 触发器置 1，电路发生翻转，U_O 从 U_{OL} 变为 U_{OH}，电路恢复到第Ⅰ稳态，此时相应的 U_I 幅值 $\frac{1}{3}U_{CC}$ 称为下触发电平 U_-。

从以上分析可以看出，电路在 U_I 上升和下降时，输出电压 U_O 翻转时所对应的输入电压值是不同的，一个为 U_+，另一个为 U_-，这是施密特电路所具有的滞后特性，称为回差。回差电压 $\Delta U = U_+ - U_- = \frac{1}{3}U_{CC}$。电路的电压传输特性如图 6.3.6(c)所示。

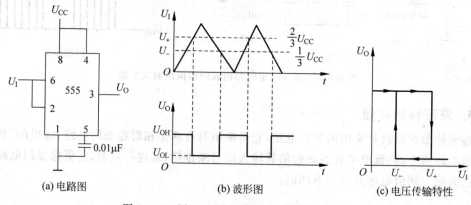

(a) 电路图　　　　　(b) 波形图　　　　　(c) 电压传输特性

图 6.3.6　用 555 定时器构成的施密特触发器

2) 施密特触发器的应用

施密特触发器应用很广,主要有以下几方面。

(1) 波形变换。可以将边沿变化缓慢的周期性信号变换成矩形脉冲。

(2) 脉冲整形。将不规则的电压波形整形为矩形波。若适当增大回差电压,可提高电路的抗干扰能力。图 6.3.7(a)为顶部有干扰的输入信号,图 6.3.7(b)为回差电压较小的输出波形,图 6.3.7(c)为回差电压大于顶部干扰时的输出波形。

(3) 脉冲鉴幅。图 6.3.8 是将一系列幅度不同的脉冲信号加到施密特触发器输入端的波形,只有那些幅度大于上触发电平 U_+ 的脉冲才在输出端产生输出信号。因此,通过这一方法可以选出幅度大于 U_+ 的脉冲,即对幅度可以进行鉴别。

此外,施密特触发器还可以构成多谐振荡器等,是应用较广泛的脉冲电路。

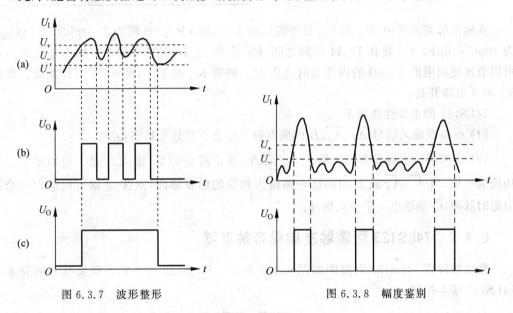

图 6.3.7 波形整形 　　　　图 6.3.8 幅度鉴别

6.4 集成单稳态触发器

单稳态触发器应用较广,电路形式也较多,其中集成单稳态触发器由于外接元件少,工作稳定,使用灵活方便而更为实用。集成单稳态触发器根据工作状态不同可以分为可重复触发和不可重复触发,可重复触发单稳态触发器在暂稳态期间还可以接收触发信号,电路被重新触发,当然,暂稳态时间也会顺延。不可重复触发单稳态触发器在暂稳态期间不受触发脉冲影响,只有暂稳态结束触发脉冲才会再起作用。另外,集成单稳态触发器还有上升沿触发和下降沿触发之分。

6.4.1 74LS121 非重触发单稳态触发器

74LS121 单稳态触发器的引脚图如图 6.4.1 所示,其功能表如表 6.4.1 所示。该集成电路对于边沿较差的输入信号也能输出一个宽度和幅度恒定的矩形脉冲。输出脉宽为

$$T_W \approx 0.7 R_T C_T$$

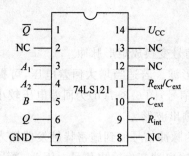

表 6.4.1　集成单稳态 74LS121 功能表

$\overline{A_1}$	$\overline{A_2}$	B	Q	$\overline{Q}$
0	×	1	0	1
×	0	1	0	1
×	×	0	0	1
1	1	×	0	1
1	↓	1	⊓	⊔
↓	1	1	⊓	⊔
↓	↓	1	⊓	⊔
0	×	↑	⊓	⊔
×	0	↑	⊓	⊔

图 6.4.1　集成触发器 74LS121 引脚图

在输出脉宽公式中，R_T 和 C_T 是外接定时元件，$R_T(R_{ext})$ 范围为 $2\sim40\text{k}\Omega$，$C_T(C_{ext})$ 为 $10\text{pF}\sim10\mu\text{F}$。$C_T$ 接在 10、11 引脚之间，R_T 接在 11、14 引脚之间。如果不外接 R_T，也可以直接使用阻值为 $2\text{k}\Omega$ 的内部定时电阻 R_{in}，则将 R_{in} 接 U_{CC}，即 9、14 引脚相接。外接 R_T 时 9 引脚开路。

74LS121 的主要性能如下。

（1）电路在输入信号 $\overline{A_1}$、$\overline{A_2}$、B 的所有静态组合下均处于稳态 $Q=0,\overline{Q}=1$。

（2）有两种边沿触发方式。输入 $\overline{A_1}$ 或 $\overline{A_2}$ 是下降沿触发，输入 B 是上升沿触发。从功能表可见，当 $\overline{A_1}$、$\overline{A_2}$ 或 B 中的任一端输入相应的触发脉冲，则在 Q 端可以输出一个正向定时脉冲，$\overline{Q}$ 端输出一个负向脉冲。

6.4.2　74LS123 可重触发单稳态触发器

集成触发器 74LS123 电路图如图 6.4.2 所示。74LS123 对于输入触发脉冲的要求和 74LS121 基本相同。

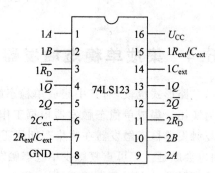

图 6.4.2　集成触发器 74LS123 引脚图

单稳态触发器 74LS123 具有可重触发功能，并带有复位输入端 $\overline{R_D}$，低电平有效。所谓可重触发，是指该电路在输出定时时间 T_W 内，可被输入脉冲重新触发。

除了 74LS121、74LS123 之外，TTL 单稳态触发器还有 74LS221、74LS122 等，其中 74LS121、74LS221 是不可重复触发的单稳态触发器，74LS122、74LS123 是可重复触发的单稳态触发器。MC14528 是 CMOS 集成单稳态触发器中的典型产品，是可重复触发的单稳态触发器。74LS221、74LS122、74LS123、MC14528 等产品均设有复位清零端。

小　　结

（1）555 定时器的功能和典型应用。

（2）单稳态触发器有一个稳定状态和一个暂稳态，从稳态到暂稳态需要外部脉冲的触发，进入暂稳态后，经过一段时间电路又自动返回到稳态。

（3）多谐振荡器是自激振荡器，接通电源之后不需要外加触发信号，能自动地产生矩形脉冲波。

（4）施密特触发器具有两个稳定状态，具有回差电压，因此具有较强的抗干扰能力。

（5）74LS121 非重触发单稳态触发器和 74LS123 可重触发单稳态触发器的功能和应用。

（6）微分型单稳态触发电路、带 RC 延迟电路的环形振荡器和石英晶体多谐振荡器的功能。

习　　题

一、选择题

1. 将 555 定时器的（　　）引脚和（　　）引脚接在一起，可以构成施密特触发器。
   A. 1、3　　　　　B. 1、6　　　　　C. 2、6　　　　　D. 2、8

2. 555 定时器是一种应用广泛的中规模集成电路，因为集成电路内部含有（　　）而得名。
   A. 3 个电阻　　　B. 3 个电容　　　C. 3 个二极管　　D. 3 个比较器

3. 如果脉冲出现时的电位比脉冲出现前后的电位值高，这样的脉冲称为（　　）脉冲。
   A. 负　　　　　　B. 正　　　　　　C. 1　　　　　　D. 0

二、综合题

1. 简述单稳态触发器、多谐振荡器和施密特触发器各自的工作特点。

2. 如图 6.3.3 所示 555 定时器构成的多谐振荡器电路中，如果 $U_{CC}=12\text{V}$，$C=0.01\mu\text{F}$，$R_1=R_2=5.1\text{k}\Omega$，求电路振荡周期和占空比。

3. 在 74LS121 集成单稳态触发器中，如果定时电阻 $R=15\text{k}\Omega$，定时电容 $C=10\mu\text{F}$，试估算输出脉冲宽度 T_W。

数/模和模/数转换

内容要点

本章介绍把数字量转换成相应的模拟量和把模拟量转换成相应的数字量的基本原理,重点介绍 D/A 转换器与 A/D 转换器的应用。

7.1 概 述

在电子技术中,模拟量和数字量的相互转换是很重要的。

一个自动控制系统,从控制对象获取的各种参量,大多是非电模拟量,如温度、压力、流量、角度、位移和速度等,这些非电模拟量经相应的传感器可以转换成电压或电流信号,即电模拟量。而计算机所能直接接收、处理和输出的是数字信号。

为了能用数字技术来处理模拟信号,必须把模拟信号转换成数字信号,才能送入数字系统进行处理。同时,往往还需把处理后的数字信号转换成模拟信号,作为最后的输出。

把从模拟信号到数字信号的转换称为模/数转换,又称为 A/D 转换,把从数字信号到模拟信号的转换称为数/模转换,又称为 D/A 转换。

把实现 A/D 转换的电路称为 A/D 转换器。A/D 转换器类型也有多种,分为直接 A/D 转换器和间接 A/D 转换器两大类。在直接 A/D 转换器中,输入的模拟信号直接被转换成相应的数字信号;而在间接 A/D 转换器中,输入的模拟信号先被转换成某种中间变量,然后再将中间变量转换为最后的数字量。

把实现 D/A 转换的电路称为 D/A 转换器。在 D/A 转换器中,有权电阻网络 D/A 转换器、倒 T 形电阻网络 D/A 转换器等。

7.2 A/D 转换器

在过程控制和信息处理中遇到的大多是连续变化的物理量,如声音、温度、压力和流量等,它们的值都是随时间连续变化的。工程上要处理这些信号,首先要经过传感器,将这些物理量变成电压、电流等电信号模拟量,再经模/数转换器将模拟量变成数字量后才能送给计算机或数字控制电路进行处理。处理的结果又需要经过数/模转换器变成电压、电流等模拟量以实现自动控制。

A/D 转换器(ADC)是一种将输入的模拟量转换为数字量的转换器。它是以某一单位参考量去度量模拟信号,从而得到数字量。其实质是对模拟量进行数字式测量。因此,根据其测量原理的不同,可将 A/D 转换分为两大类:直接转换型 ADC 和间接转换型 ADC。

直接转换型 ADC 能把输入的模拟电压直接转换成输出的数字代码,而不需要经过中间变量。它又可分为并行 ADC 和逐次比较型 ADC。

间接 A/D 转换器中,输入的模拟信号先被转换成某种中间变量(如时间、频率等),然后再将中间变量转换为最后的数字量。间接转换型 ADC 有双积分 A/D 转换器和电压转换型 A/D 转换器。

图 7.2.1 所示为一个典型的数字控制系统框图。可以看出,A/D 转换和 D/A 转换是现代数字化设备中不可缺少的部分,它是数字电路和模拟电路的中间接口电路。

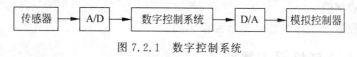

图 7.2.1　数字控制系统

7.2.1　A/D 转换的基本原理

对于 ADC 来说,要实现将连续变化的模拟量变为离散的数字量,通常要经过 4 个步骤:采样、保持、量化和编码。一般前两步由采样保持电路完成,量化和编码由 ADC 完成。

1. 采样与保持

采样是将一个时间上连续变化的模拟量转化为时间上离散变化的模拟量。模拟信号的采样过程如图 7.2.2 所示。其中 $u_I(t)$ 为输入模拟信号,$u_O(t)$ 为输出模拟信号。采样过程的实质就是将连续变化的模拟信号变成一串等距不等幅的脉冲。

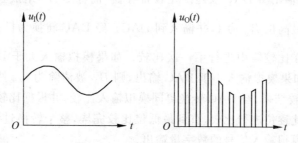

图 7.2.2　采样与保持波形图

采样的宽度往往是很窄的,为了使后续电路能很好地对这个采样结果进行处理,通常需要将采样结果存储起来,直到下次采样,这个过程称作保持。一般采样器和保持电路一起总称为采样保持电路。图 7.2.3(a)是常见的采样保持电路,图 7.2.3(b)是采样保持过程的工作波形图。开关 S 闭合时,输入模拟量对电容 C 充电,这是采样过程;开关断开时,电容 C 上的电压保持不变,这是保持过程。

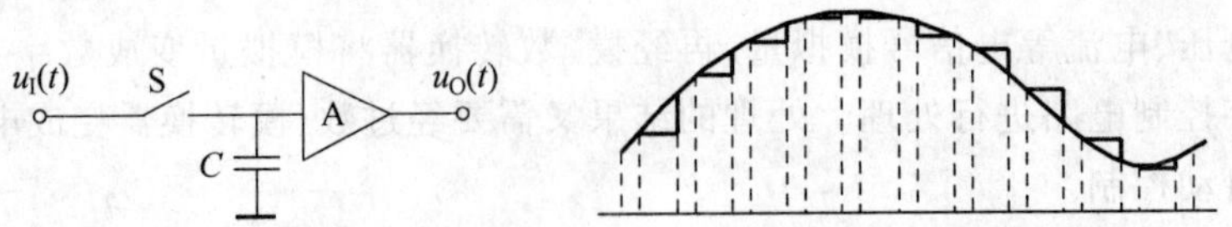

(a) 采样与保持电路 (b) 采样与保持工作波形

图 7.2.3 采样与保持电路及其工作波形

2. 量化与编码

采样的模拟电压经过量化编码电路后转换成一组 n 位的二进制数输出。采样保持电路的输出,即量化编码的输入仍然是模拟量,它可取模拟输入范围里的任何值。如果输出的数字量是 3 位二进制数,则仅可取 000~111 八种可能值,因此用数字量表示模拟量时,需先将采样电平归化为与之接近的离散数字电平,这个过程称作量化。由零到最大值(MAX)的模拟输入范围被划分为 1/8、2/8、…、7/8 共 2^3-1 个值,称为量化阶梯。而相邻量化阶梯之间的中点值 1/16、3/16、…、13/16 称为比较电平。采样后的模拟值同比较电平相比较,并赋给相应的量化阶梯值。

把量化的数值用二进制数来表示称作编码。

7.2.2 A/D 转换器的类型

模数转换电路很多,按比较原理分为两种:直接比较型和间接比较型。直接比较型是将输入模拟信号直接与标准的参考电压比较,从而得到数字量。这种类型常见的有并行 ADC 和逐次比较型 ADC。间接比较型电路中,输入模拟量不是直接与参考电压比较,而是将二者变为中间的某种物理量再进行比较,然后将比较所得的结果进行数字编码。这种类型常见的有双积分 A/D 转换器和电压转换型 A/D 转换器。

1. 逐次比较型 ADC

逐次比较型 ADC 又叫逐次逼近 ADC。图 7.2.4 为 4 位逐次比较型 ADC 原理框图。它由比较器 A、电压输出型 DAC 及逐次比较寄存器(简称 SAR)组成。其工作原理是先使逐次比较寄存器的最高位 B_1 为 1,并输入到 DAC。经 DAC 转换为模拟输出 $\left(\frac{1}{2}V_{\text{ref}}\right)$。该量与输入模拟信号在比较器中进行第一次比较。如果模拟输入大于 DAC 输出,则 $B_1=1$ 在寄存器中保存;如果模拟输入小于 DAC 输出,则 B_1 被清除为 0。然后 SAR 继续令 B_2 为 1,连同第一次比较结果,经 DAC 转换再同模拟输入比较,并根据比较结果,决定 B_2 在寄存器中的取舍。如此逐位进行比较,直到最低位比较完毕,整个转换过程结束。这时,DAC 输入端的数字即为模拟输入信号的数字量输出。

假定模拟输入的变化范围为 $\frac{9}{16}V_{\text{ref}} \sim \frac{10}{16}V_{\text{ref}}$,图 7.2.5 为上述转换过程的时序波形。逐次比较型 ADC 具有速度快、转换精度高的优点。

2. 双积分型 A/D 转换器

双积分型 ADC 又称双斜率 ADC。它的工作原理是对输入模拟电压和参考电压进行两次积分,变换成和输入电压平均值成正比的时间间隔,并利用计数器测出时间间隔,计数器的输出就是转换后的数字量。

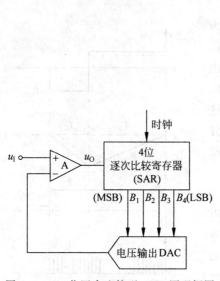
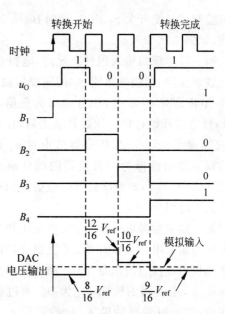

图 7.2.4　4 位逐次比较型 ADC 原理框图　　图 7.2.5　4 位逐次比较型 ADC 转换时序波形

图 7.2.6 为双积分型 ADC 的电路图。该电路由运算放大器 A 构成的积分器、检零比较器 C、时钟输入控制门 G、定时器和计数器等组成。

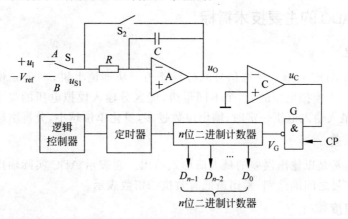

图 7.2.6　双积分型 ADC 电路图

积分器：由集成运放和 RC 积分环节组成，其输入端接控制开关 S_1。S_1 由定时信号控制，可以将极性相反的输入模拟电压和参考电压分别加在积分器，进行两次方向相反的积分。其输出接比较器的输入端。

检零比较器：其作用是检查积分器输出电压过零的时刻。当 $u_O > 0$ 时，比较器输出 $u_C = 0$；当 $u_O < 0$ 时，比较器输出 $u_C = 1$。比较器的输出信号接时钟控制门的一个输入端。

时钟输入控制门 G：标准周期为 T_{CP} 的时钟脉冲 CP 接在控制门 G 的一个输入端。另一个输入端由比较器输出 u_C 进行控制。当 $u_C = 1$ 时，允许计数器对输入时钟脉冲的个数进行计数；当 $u_C = 0$ 时，禁止时钟脉冲输入到计数器。

定时器、计数器：计数器对时钟脉冲进行计数。当计数器计满（溢出）时，定时器被置 1，发出控制信号使开关 S_1 由 A 接到 B，从而可以开始对 V_{ref} 进行积分。其工作过程可分为两段，如图 7.2.7 所示。

第一段对模拟输入积分。此时，电容 C 放电为 0，计数器复位，控制电路使 S_1 接通模拟输入 u_1，积分器 A 开始对 u_1 积分，积分输出为负值，u_C 输出为 1，计数器开始计数。计数器溢出后，控制电路使 S_1 接通参考电压 V_{ref}，积分器结束对 u_1 积分。这段的积分输出波形为一段负值的线性斜坡。积分时间 $T_1 = 2^n T_{CP}$，n 为计数器的位数。因此此阶段又称为定时积分。

第二段对参考电压积分，又称定压积分。因为参考压与输入电压极性相反，可使积分器的输出以斜率相反的线性斜坡恢复为 0。回 0 后结束对参考电压积分，比较器的输出 u_C 为 0。通过控制门 G 的作用，禁止时钟脉冲输入，计数器停止计数。此时计数器的计数值 $D_0 \sim D_{n-1}$ 就是转换后的数字量。此阶段的积分时间 $T_2 = N_i T_{CP}$，N_i 为此定压积分段计数器的计数个数。输入电压 u_1 越大，N_i 越大。

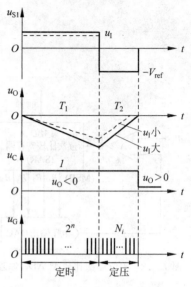

图 7.2.7 双积分型 ADC 波形图

7.2.3 ADC 的主要技术指标

1. 分辨率

分辨率是指 ADC 对输入模拟信号的分辨能力。从理论上讲，一个 n 位二进制数输出 ADC 应能区分输入模拟电压的 2^n 个不同量级，能区分输入模拟电压的最小值为满量程输入的 $1/2^n$。在最大输入电压一定时，输出位数越多，量化单位越小，分辨率越高。

2. 转换误差

转换误差通常是以输出误差的最大值形式给出。它表示 ADC 实际输出的数字量和理论上的输出数字量之间的差别，常用最低有效位的倍数表示。

3. 转换速度

转换时间是指 ADC 从转换信号到来开始，到输出端得到稳定的数字信号所经过的时间。此时间与转换电路的类型有关。不同类型的转换器，其转换速度相差很大。实际应用中，应从系统总的位数、精度要求、输入模拟信号的范围及输入信号极性等方面综合考虑 ADC 的选用。

7.3 常用 ADC 芯片简介

7.3.1 集成 ADC0809 简介

1. ADC0809

ADC0809 是一种逐次比较型 ADC。它是采用 CMOS 工艺制成的 8 位 8 通道 A/D 转换器,采用 28 只引脚的双列直插封装,其功能框图如图 7.3.1(a)所示。

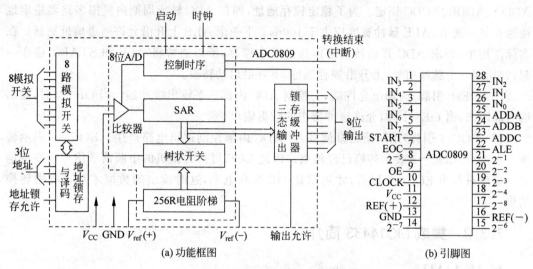

(a) 功能框图   (b) 引脚图

图 7.3.1 ADC0809 原理图和引脚图

该转换器有 3 个主要组成部分:256 个电阻组成的电阻阶梯及树状开关、逐次比较寄存器 SAR 和比较器。电阻阶梯和树状开关是 ADC0809 的特点。ADC0809 与一般逐次比较 ADC 另一个不同点是,它含有一个 8 通道单端信号模拟开关和一个地址译码器。地址译码器选择 8 个模拟信号之一送入 ADC 进行 A/D 转换,因此适用于数据采集系统。表 7.3.1 为通道选择表。

表 7.3.1 通道选择表

地址输入			选中通道
ADDC	ADDB	ADDA	
0	0	0	IN_0
0	0	1	IN_1
0	1	0	IN_2
0	1	1	IN_3
1	0	0	IN_4
1	0	1	IN_5
1	1	0	IN_6
1	1	1	IN_7

2. ADC0809 引脚功能

图 7.3.1(b)为引脚图。各引脚功能如下。

(1) $IN_0 \sim IN_7$ 是 8 路模拟输入信号。

(2) ADDA、ADDB、ADDC 为地址选择端。

(3) $2^{-1} \sim 2^{-8}$ 为变换后的数据输出端。

(4) START(6 引脚)是启动输入端。启动脉冲的下降沿使 ADC 开始转换,要求它的脉冲宽度大于 100ns。

(5) ALE(22 引脚)是通道地址锁存输入端。当 ALE 上升沿来到时,地址锁存器可对 ADDA、ADDB、ADDC 锁定。为了稳定锁存地址,即在 ADC 转换周期内模拟多路器稳定地接通在某一通道,ALE 脉冲宽度应大于 100ns。下一个 ALE 上升沿允许通道地址更新。在实际使用中,要求 ADC 开始转换之前地址就应锁存,所以通常将 ALE 和 START 连在一起,使用同一个脉冲信号,上升沿锁存地址,下降沿启动转换。

(6) OE(9 引脚)为输出允许端,它控制 ADC 内部三态输出缓冲器。当 OE=0 时,输出端为高阻态,当 OE=1 时,允许缓冲器中的数据输出。

(7) EOC(7 引脚)是转换结束信号,由 ADC 内部控制逻辑电路产生。EOC=0 表示转换正在进行,EOC=1 表示转换已经结束。因此 EOC 可作为微机的中断请求信号或查询信号。显然只有当 EOC=1 以后,才可以让 OE 为高电平,这时读出的数据才是正确的转换结果。

7.3.2 集成 MC14433 简介

1. MC14433

MC14433 是 $3\frac{1}{2}$ CMOS 双积分型 A/D 转换器。$\frac{1}{2}$ 位是指输出的 4 位十进制数,其最高位仅有 0 和 1 两种状态,而低 3 位都有 0~9 十种状态。MC14433 把线性放大器和数字逻辑电路同时集成在一个芯片上。它采用动态扫描输出方式,其输出是按位扫描的 BCD 码。使用时只需外接两个电阻和两个电容,即可组成具有自动调零和自动极性转换功能的 A/D 转换系统。

2. 电路框图及引脚说明

MC14433 原理电路如图 7.3.2 所示。该电路包括多路选择开关、CMOS 模拟电路、逻辑控制电路、时钟和锁存器等。它采用 24 只引脚的双列直插封装。它与国产同类产品 5G14433 的功能、外形封装、引线排列以及参数性能均相同,可以替换使用。

各引脚功能说明如下。

(1) V_{AG}:模拟地,作为输入模拟电压和参考电压的参考点。

(2) V_{REF}:参考电压输入端。当参考电压分别为 200mV 和 2V,电压量程分为 199.9mV 和 1.999V。

(3) R_1、R_1/C_1、C_1:外接电阻、电容的接线端。C_{01}、C_{02}:补偿电容 C_0 接线端。补偿电容用于存放失调电压,以便自动调零。

(4) DU:控制转换结果的输出。DU 端送正脉冲时,数据送入锁存器,反之,锁存器保持原来的数据。

(5) CP_1:时钟信号输入端,外部时钟信号由此输入。

(6) CP_0:时钟信号输出端。在 CP_1 和 CP_0 之间接一个电阻 R_C,内部即可产生时钟信号。

(7) V_{EE}:负电源输入端。

(8) V_{SS}:电源公共地。

(9) EOC:转换结束信号。正在转换时为低电平,转换结束后输出一个正脉冲。

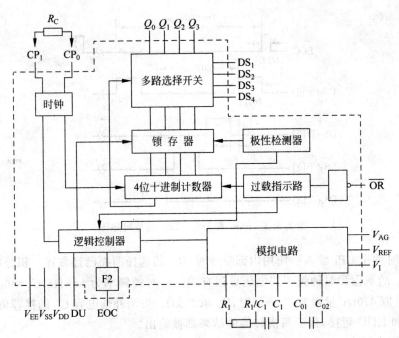

图 7.3.2 MC14433 原理图

(10) $\overline{OR}$：溢出信号输出，溢出时为 0。

(11) $DS_1 \sim DS_4$：输出位选通信号，DS_4 为个位，DS_1 为千位。

(12) $Q_0 \sim Q_3$：转换结果的 BCD 码输出端，可连接显示译码器。

(13) V_{DD}：正电源输入端。

3. 工作原理

MC14433 是双积分型的 A/D 转换器。双积分型的特点是线路结构简单，外接元件少，抗共模干扰能力强，但转换速度较慢。

MC14433 的逻辑部分包括时钟信号发生器、4 位十进制计数器、多路开关、逻辑控制器、极性检测器和溢出指示器等。

时钟信号发生器由芯片内部的反相器、电容以及外接电阻 R_C 所构成。R_C 通常可取 $750\text{k}\Omega$、$470\text{k}\Omega$、$360\text{k}\Omega$ 等典型值，相应的时钟频率 f_0 依次为 50kHz、66kHz、100kHz。采用外部时钟频率时，不得接 R_C。

计数器是 4 位十进制计数器，计数范围为 $0 \sim 1999$。锁存器用来存放 A/D 转换结果。MC14433 输出为 BCD 码，4 位十进制数按时间顺序从 $Q_0 \sim Q_3$ 输出，$DS_1 \sim DS_4$ 是多路选择开关的选通信号，即位选通信号。当某一个 DS 信号为高电平时，相应的位被选通，此刻 $Q_0 \sim Q_3$ 输出的 BCD 码与该位数据相对应，如图 7.3.3 所示。

由图 7.3.3 可见，当 EOC 为正脉冲后，就按照 DS_1（最高位，千位）→DS_2（百位）→DS_3（十位）→DS_4（最低位，个位）的顺序选。选通信号的脉冲宽度为 18 个时钟周期（$18T_{CP}$）。相邻的两个选通信号之间有 $2T_{CP}$ 的位间消隐时间。这样在动态扫描时，每一位的显示频率为 $f_1 = f_0/80$。若时钟频率为 66kHz，则 $f_1 = 800\text{Hz}$。

实际使用 MC14433 时，一般只需外接 R_C、R_1、C_1 和 C_0 即可。若采用外部时钟，就不

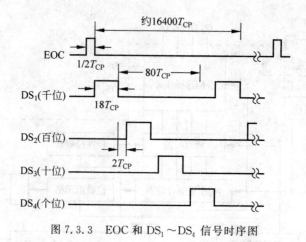

图 7.3.3 EOC 和 $DS_1 \sim DS_4$ 信号时序图

接 R_C，外部时钟由 CP_1 输入。使用内部时钟时，R_C 的选择前面已经叙述。积分电阻 R_1 和积分电容 C_1 的取值和时钟频率的电压量程有关。若时钟频率为 66kHz，$C_1 = 0.1\mu\text{F}$，量程为 2V 时，R_1 取 470Ω；量程为 200mV 时，R_1 取 $27\text{k}\Omega$。失调补偿电容 C_0 的推荐值为 $0.1\mu\text{F}$。DU 端一般和 EOC 短接，保证每次转换的结果都被输出。

实际应用中的 ADC 还有很多种，读者可根据需要选择模拟输入量程、数字量输出位数均合适的 A/D 转换器。

7.4 D/A 转换器

7.4.1 D/A 转换的基本原理

D/A 转换器是将输入的二进制数字信号转换成模拟信号，以电压或电流的形式输出。因此，D/A 转换器可以看作是一个译码器。一般的线性 D/A 转换器，其输出模拟电压 U 和输入数字量 D 之间成正比关系，即 $U = KD$，式中 K 为常数。

D/A 转换器的一般结构如图 7.4.1 所示，D/A 转换器一般包括参考电压、模拟开关、电阻网络和运算放大器等部分。图中数据锁存器用来暂时存放输入的数字信号。n 位寄存器的并行输出分别控制 n 个模拟开关的工作状态。通过模拟开关，将参考电压按权关系加到电阻解码网络。

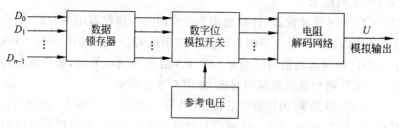

图 7.4.1 DAC 方框图

在 D/A 转换器中，可以分为权电阻网络 D/A 转换器和倒 T 形电阻网络 D/A 转换器等。下面将对倒 T 形电阻网络 D/A 转换器进行讨论。

倒 T 形电阻网络 D/A 转换器如图 7.4.2 所示,从图中可以看出,由 U_R 向里看的等效电阻为 R,数码无论是 0 还是 1,开关 S_i 都相当于接地。因此,由 U_R 流出的总电流为 $I = U_R/R$,而流入 $2R$ 支路的电流是以 2 的倍数递减,流入运算放大器的电流为

$$I_\Sigma = D_{n-1}\frac{I}{2^1} + D_{n-2}\frac{I}{2^2} + \cdots + D_1\frac{I}{2^{n-1}} + D_0\frac{I}{2^n}$$

$$= \frac{I}{2^n}(D_{n-1}2^{n-1} + D_{n-2}2^{n-2} + \cdots + D_1 2^1 + D_0 2^0)$$

$$= \frac{I}{2^n}\sum_{i=0}^{n-1} D_i 2^i$$

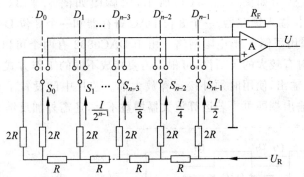

图 7.4.2 倒 T 形电阻网络 D/A 转换器

运算放大器的输出电压为

$$U = -I_\Sigma R_F = -\frac{IR_F}{2^n}\sum_{i=0}^{n-1} D_i 2^i$$

若 $R_F = R$,并将 $I = U_R/R$ 代入上式,则有:

$$U = -\frac{U_R}{2^n}\sum_{i=0}^{n-1} D_i 2^i$$

可见,输出模拟电压正比于数字量的输入。

7.4.2 D/A 转换器的主要技术指标

1. 分辨率

分辨率是指输入数字量最低有效位为 1 时,对应输出可分辨的电压变化量 ΔU 与最大输出电压 U_m 之比,即

$$分辨率 = \frac{\Delta U}{U_m} = \frac{1}{2^n - 1}$$

分辨率越高,转换时对输入量的微小变化的反应越灵敏。而分辨率与输入数字量的位数有关,n 越大,分辨率越高。

2. 转换精度

转换精度是指电路实际输出的模拟电压值和理论输出的模拟电压值之差。通常用最大误差与满量程输出电压之比的百分数表示。百分数越小,精度越高。

3. 转换速度

D/A 转换器从输入数字量到转换成稳定的模拟输出电压所需要的时间称为转换速度。不同的 DAC 其转换速度也不相同,一般其转换时间在几微秒到几十微秒的范围内。

4. 非线性误差

把 D/A 转换器输出电压值与理想输出电压值之间偏差的最大值定义为非线性误差。DAC 转换器的非线性误差主要由模拟开关以及运算放大器的非线性引起。

7.4.3 集成 D/A 转换器及其应用

集成 DAC0832 框图如图 7.4.3(a)所示,引脚图如图 7.4.3(b)所示。8 位集成 DAC0832 由一个 8 位输入锁存器、一个 8 位 DAC 寄存器和一个 8 位 D/A 转换器三大部分组成,D/A 转换器采用了倒 T 形电阻网络。由于 DAC0832 有两个可以分别控制的数据寄存器,所以,在使用时有较大的灵活性,可根据需要接成不同的工作方式。DAC0832 中无运算放大器,且是电流输出,使用时须外接运算放大器。芯片中已设置了 R_{fb},只要将 9 引脚接到运算放大器的输出端即可。若运算放大器增益不够,还需外加反馈电阻。

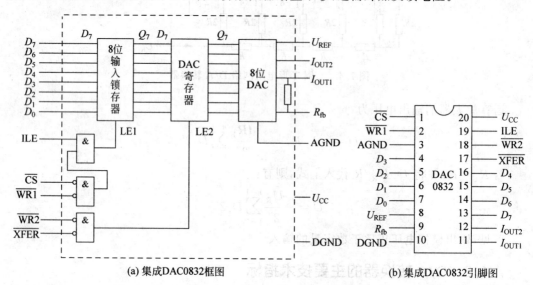

(a) 集成DAC0832框图 (b) 集成DAC0832引脚图

图 7.4.3 集成 DAC0832 框图与引脚图

器件上各引脚的名称和功能如下。

(1) ILE:输入锁存允许信号,输入高电平有效。

(2) $\overline{CS}$:片选信号,输入低电平有效。

(3) $\overline{WR1}$:输入数据选通信号 1,输入低电平有效。

(4) $\overline{WR2}$:数据传送选通信号 2,输入低电平有效。

(5) $\overline{XFER}$:数据传送控制信号,输入低电平有效。

(6) $D_7 \sim D_0$:8 位输入数据信号。

(7) U_{REF}:参考电压输入。一般此端外接一个精确、稳定的电压基准源。U_{REF} 可在 $-10 \sim 10V$ 范围内选择。

(8) R_{fb}：反馈电阻(内已含一个反馈电阻)接线端。

(9) I_{OUT1}：DAC 输出电流 1。此输出信号一般作为运算放大器的一个差分输入信号。当 DAC 寄存器中的各位为 1 时，电流最大；为全 0 时，电流为 0。

(10) I_{OUT2}：DAC 输出电流 2。它作为运算放大器的另一个差分输入信号(一般接地)。I_{OUT1} 和 I_{OUT2} 满足关系 $I_{OUT1}+I_{OUT2}=$ 常数。

(11) U_{CC}：电源输入端(一般取+5V)。

(12) DGND：数字地。

(13) AGND：模拟地。

从 DAC0832 的内部控制逻辑分析可知，当 ILE、CS 和 WR1 同时有效时，LE1 为高电平。在此期间，输入数据 $D_7 \sim D_0$ 进入输入寄存器。当 WR2 和 XFER 同时有效时，LE2 为高电平。在此期间，输入寄存器的数据进入 DAC 寄存器。8 位 D/A 转换电路随时将 DAC 寄存器的数据转换为模拟信号($I_{OUT1}+I_{OUT2}$)输出。

小　　结

(1) A/D 转换器和 D/A 转换器是现代数字系统中的重要组成部分。

(2) A/D 转换按工作原理主要分为并行 A/D、逐次逼近 A/D 和双积分型 A/D 等。不同的 A/D 转换方式具有各自的特点。在要求速度高的情况下，可以采用并行 ADC；在要求精度高的情况下，可以采用双积分 ADC；逐次逼近 ADC 在一定程度上兼顾了以上两种转换器的优点。

(3) D/A 转换器根据工作原理基本上分为权电阻网络 D/A 转换和倒 T 形电阻网络 D/A 转换。

习　　题

1. 为什么 A/D 转换需要采样、保持电路？
2. 逐次比较型 ADC 有几个部分？
3. 双积分型 ADC 的电路由几个部分组成？简述双积分型 ADC 转换器的工作原理。
4. ADC 的主要技术指标是什么？
5. 简述 MC14433 的工作原理。
6. 若一个理想的 3 位 ADC 满刻度模拟输入为 10V，当输入为 7V 时，求此 ADC 采用自然二进制编码时的数字输出量。
7. 试画出 DAC0832 工作于单缓冲方式的引脚接线图。

参考文献

[1] 余孟尝.数字电子技术基础简明教程[M].北京:高等教育出版社,2018.
[2] 周忠.数字电子技术[M].北京:人民邮电出版社,2012.
[3] 康华光.电子技术基础:数字部分[M].北京:高等教育出版社,2014.
[4] 张志恒.数字电子技术基础[M].北京:中国电力出版社,2017.
[5] 杨春玲,王淑娟.数字电子技术基础[M].北京:高等教育出版社,2017.
[6] 王萍.数字电子技术基础[M].北京:机械工业出版社,2018.